"十三五"职业教育 国家规划教材 | 新形态立体化 精品系列教材

Dreamweaver

网页设计
立体化教程

微课版

Dreamweaver 2020

刘解放 闵文婷 / 主编　李芳玲 王子轶 程淑玉 / 副主编

DREAMWEAVER

人民邮电出版社
北　京

图书在版编目（CIP）数据

Dreamweaver网页设计立体化教程：微课版：Dreamweaver 2020 / 刘解放，闵文婷主编. -- 北京：人民邮电出版社，2023.10

新形态立体化精品系列教材

ISBN 978-7-115-62510-6

Ⅰ．①D… Ⅱ．①刘… ②闵… Ⅲ．①网页制作工具—教材 Ⅳ．①TP393.092.2

中国国家版本馆CIP数据核字(2023)第155343号

内 容 提 要

本书首先介绍网页设计基础，然后对添加文本与表格、插入图像和多媒体元素、创建超链接、布局网页、使用模板和库、使用表单和行为、制作移动端网页、测试与发布网站等相关知识进行讲解，最后还安排一个综合案例，进一步提高读者对知识的应用能力。

本书以"佳美馨装饰"网站的设计与制作为例，采用项目式教学法，将每个项目分解成若干任务，每个任务主要由任务描述、相关知识和任务实施 3 个部分组成，然后进行项目实训。每个项目最后还提供课后练习和技巧提升。本书着重培养学生的软件实际操作能力，将职业场景引入课堂教学，让学生提前进入工作角色。

本书适合作为职业院校"网页设计"课程的教材，也可作为各类社会培训机构相关课程的教材，还可供网页设计初学者自学使用。

◆ 主　　编　刘解放　闵文婷

　　副 主 编　李芳玲　王子轶　程淑玉

　　责任编辑　马　媛

　　责任印制　王　郁　焦志炜

◆ 人民邮电出版社出版发行　　北京市丰台区成寿寺路 11 号

　　邮编　100164　电子邮件　315@ptpress.com.cn

　　网址　https://www.ptpress.com.cn

　　三河市君旺印务有限公司印刷

◆ 开本：787×1092　1/16

　　印张：14.25　　　　　　　　　　2023 年 10 月第 1 版

　　字数：351 千字　　　　　　　　2023 年 10 月河北第 1 次印刷

定价：59.80 元

读者服务热线：(010)81055256　印装质量热线：(010)81055316

反盗版热线：(010)81055315

广告经营许可证：京东市监广登字 20170147 号

前言

随着互联网信息技术、数字技术和移动端技术等的飞速发展，各企事业单位对网页设计人员的需求不断增加，对设计人员的要求也越来越高。网页设计是一个不断发展的领域。网页设计人员是集策划、创意、设计、推广等技能于一身的综合型技能人才，需要掌握众多信息技术，不仅需要满足企事业单位对网页设计的需求，也需要符合党的二十大对全面建设社会主义现代化国家的期望。党的二十大报告提出："教育、科技、人才是全面建设社会主义现代化国家的基础性、战略性支撑。必须坚持科技是第一生产力、人才是第一资源、创新是第一动力，深入实施科教兴国战略、人才强国战略、创新驱动发展战略，开辟发展新领域新赛道，不断塑造发展新动能新优势。"本书正是基于此目的编写的。

本着"工学结合"的原则，编者主要通过教学方法、教学内容和教学资源3个方面体现本书的特色。

教学方法

本书精心设计"情景导入→任务讲解→项目实训→课后练习→技巧提升"5段教学法，将职业场景引入课堂教学，激发读者的学习兴趣；然后在任务的驱动下，践行"做中学，做中教"的教学理念；最后通过练习全方位帮助读者提升专业技能。

- **情景导入**：本书以日常办公中的场景展开，介绍相关知识点在实际工作中的应用及其与前后知识点之间的联系，让读者了解这些知识点的必要性和重要性。
- **任务讲解**：以实践为主，强调"应用"。每个任务先指出要制作一个什么样的案例，制作的思路是怎样的，需要用到哪些知识点，然后讲解该案例必备的基础知识，最后通过步骤详细讲解任务的实施过程。讲解过程中穿插有"知识补充""职业素养"两个小栏目。
- **项目实训**：结合任务讲解的内容和实际工作中需要给出的操作要求，提供适当的实训思路及步骤提示以供参考，要求读者独立完成操作，充分训练读者的动手能力。
- **课后练习**：结合所讲解的内容，给出难度适中的上机操作题。通过练习，读者可以达到强化、巩固所学知识的目的。
- **技巧提升**：以项目涉及的知识为主线，深入讲解软件的相关知识，让读者可以更便捷地操作软件，学习软件的更多高级功能。

教学内容

本书的教学目标是循序渐进地帮助读者掌握使用Dreamweaver制作网页的方法。本书共10个项目，可分为以下7个方面的教学内容。

- **项目一**：概述网页设计的基础知识，主要用一个网页案例来介绍网站，并介绍网站开发流程，以及Dreamweaver的基本操作。
- **项目二～项目四**：主要讲解在网页中插入和编辑文本、表格、图像、多媒体元素、超链接等网页元素的知识。
- **项目五**：主要讲解使用CSS美化网页的相关知识，即div+CSS盒子模型、响应式布局等页面布局的相关知识。

● **项目六和项目七**：主要讲解模板、库、表单和行为的使用方法。

● **项目八**：主要讲解移动端网页的制作方法，包括jQuery Mobile和PHP等的知识。

● **项目九**：主要讲解测试与发布网站的方法。

● **项目十**：主要通过网站建设案例对本书所讲知识进行综合运用，包括创建网站站点、制作网页模板和制作网站页面等。

教学资源

本书的教学资源包括以下几个方面的内容。

● **素材文件与效果文件**：包含书中案例涉及的素材文件与效果文件。

● **本书对应视频操作**：本书对所涉及的所有案例、实训，以及讲解的重要知识点和彩图都提供二维码，读者扫码后即可查看对应的操作演示、知识点的讲解内容和完成后的彩图。同时读者也可下载并播放MP4格式的视频文件进行学习，方便读者灵活运用碎片时间，随时学习。

● **模拟试题库**：包含丰富的关于Dreamweaver网页设计的相关试题，可自动组合出不同的试卷供读者自测。

● **PPT课件和教学教案**：包含PPT课件和Word文档格式的教案，以便教师顺利开展教学工作。

● **拓展资源**：包含相关网页设计素材和案例欣赏等。

上述教学资源可访问人民邮电出版社人邮教育社区（http://www.ryjiaoyu.com）搜索书名进行下载。

本书由刘解放、闫文婷任主编，李芳玲、王子轶、程淑玉任副主编。虽然编者在编写本书的过程中倾注了大量心血，但百密之中可能仍有疏漏，恳请广大读者及专家不吝赐教。

编　者
2023年2月

目录

项目一　网页设计基础　1

任务一　规划"佳美馨装饰"网站结构　2
- 一、任务描述　2
  - （一）任务背景　2
  - （二）任务目标　2
- 二、相关知识　2
  - （一）网站、网页、主页的概念　2
  - （二）网页设计常用术语　3
  - （三）网页的构成元素　4
  - （四）常用网页制作软件　5
  - （五）HTML　6
  - （六）HTML5　8
  - （七）JavaScript　9
  - （八）网站开发流程　9
  - （九）网页设计内容　11
  - （十）网页设计原则　11
- 三、任务实施　12

任务二　创建"佳美馨装饰"站点　12
- 一、任务描述　12
  - （一）任务背景　12
  - （二）任务目标　13
- 二、相关知识　13
  - （一）认识 Dreamweaver 2020 的操作界面　13
  - （二）创建和管理站点　16
  - （三）管理站点中的文件和文件夹　18
- 三、任务实施　19
  - （一）创建站点　19
  - （二）编辑站点　19
  - （三）管理站点文件和文件夹　20

实训一　规划"中国皮影"网站的结构　22
实训二　创建"中国皮影"站点　23
课后练习　23
技巧提升　24

项目二　添加文本与表格　27

任务一　制作"佳美馨装饰简介"网页　28
- 一、任务描述　28
  - （一）任务背景　28
  - （二）任务目标　28
- 二、相关知识　28
  - （一）新建、保存与打开网页文件　28
  - （二）设置网页属性　30
  - （三）设置网页关键字和描述　33
  - （四）输入文本　33
  - （五）设置文本格式　34
  - （六）插入列表　35
  - （七）插入特殊字符　35
  - （八）插入日期　35
  - （九）插入水平线　35
- 三、任务实施　36
  - （一）新建网页并设置网页属性　36

- （二）输入文本并设置格式　37
- （三）插入特殊字符、日期和水平线　39

任务二　制作"佳美馨装饰——会员列表"网页　40
- 一、任务描述　41
  - （一）任务背景　41
  - （二）任务目标　41
- 二、相关知识　41
  - （一）插入表格　41
  - （二）选择表格　42
  - （三）在单元格中输入内容　44
  - （四）设置表格属性　44
  - （五）设置单元格属性　45
  - （六）合并和拆分单元格　45
  - （七）添加和删除行或列　46
- 三、任务实施　47

（一）插入表格并设置单元格属性　47
（二）输入表格内容　48
（三）导入表格数据并设置表格属性　49
实训一　制作"中国皮影——皮影戏"
　　　　网页　50

实训二　制作"中国皮影——皮影起源
　　　　传说"网页　51
课后练习　52
技巧提升　53

项目三　插入图像和多媒体元素　55

任务一　制作"佳美馨装饰——成功案例"
　　　　栏目网页　56
一、任务描述　57
（一）任务背景　57
（二）任务目标　57
二、相关知识　58
（一）网页图像基础知识　58
（二）插入图像　58
（三）设置图像属性　59
（四）创建鼠标经过图像　61
（五）创建图像轮播　62
三、任务实施　63
（一）插入案例图像　63
（二）使用鼠标经过图像制作按钮　63
（三）插入案例轮播图　65
任务二　制作"佳美馨装饰——中式田园
　　　　风格"内容网页　66

一、任务描述　66
（一）任务背景　66
（二）任务目标　66
二、相关知识　67
（一）插入视频　67
（二）插入音频　68
（三）插入动画　68
三、任务实施　69
（一）设置背景音乐　69
（二）插入并设置视频　69
（三）插入并设置动画　70
实训一　制作"中国皮影——皮影鉴赏"
　　　　网页　71
实训二　制作"中国皮影——皮影的表演"
　　　　网页　72
课后练习　73
技巧提升　75

项目四　创建超链接　77

任务一　创建"佳美馨装饰——网站地图"
　　　　网页中的超链接　78
一、任务描述　78
（一）任务背景　78
（二）任务目标　78
二、相关知识　79
（一）认识超链接　79
（二）创建文本、图像超链接　81
三、任务实施　83
（一）创建文本超链接　83
（二）创建图像超链接　84
（三）创建图像热点超链接　84
（四）浏览超链接效果　85

任务二　创建"佳美馨装饰——联系我们"
　　　　网页中的超链接　85
一、任务描述　86
（一）任务背景　86
（二）任务目标　87
二、相关知识　87
（一）认识锚点超链接　87
（二）认识文件下载超链接　88
（三）认识电子邮件超链接　88
（四）认识空链接　89
（五）认识脚本链接　89
三、任务实施　89
（一）创建锚点超链接　89

（二）创建文件下载超链接和电子邮件
　　　超链接 90
（三）创建脚本链接和空链接 91
实训一　制作"中国皮影——网站地图"
　　　网页 91

实训二　制作"中国皮影——皮影的制作
　　　流程"网页 93
课后练习 94
技巧提升 96

项目五　布局网页　99

任务一　使用div+CSS盒子模型布局"佳美
　　　馨装饰——公司荣誉"网页 100
一、任务描述 100
（一）任务背景 100
（二）任务目标 100
二、相关知识 100
（一）认识CSS样式 101
（二）"CSS设计器"面板 102
（三）CSS样式的属性 103
（四）应用CSS样式 107
（五）认识div+CSS盒子模型 107
（六）利用div+CSS盒子模型布局网页 108
三、任务实施 109
（一）创建并应用标签CSS样式 109
（二）创建并应用ID CSS样式 110
（三）创建并应用类CSS样式 111
（四）创建并应用后代CSS样式 114

任务二　使用响应式布局制作"佳美馨
　　　装饰"首页 115
一、任务描述 115
（一）任务背景 115
（二）任务目标 116
二、相关知识 116
（一）认识响应式布局 116
（二）设置视口 116
（三）添加媒体查询 116
三、任务实施 118
（一）设置视口并添加媒体查询 118
（二）添加CSS样式并预览效果 119
实训一　制作"中国皮影——皮影的地方
　　　特色"网页 120
实训二　制作"中国皮影"首页 122
课后练习 123
技巧提升 125

项目六　使用模板和库　127

任务一　使用模板制作"原木简约风
　　　三居室装修案例"网页 128
一、任务描述 128
（一）任务背景 128
（二）任务目标 129
二、相关知识 129
（一）认识模板 129
（二）创建模板 129
（三）编辑模板 130
（四）应用模板 131
三、任务实施 132
（一）创建"案例展示"模板 132

（二）从模板创建"原木简约风三居室
　　　装修案例"网页 134
任务二　在"装修方案精选"网页中使
　　　用库 135
一、任务描述 136
（一）任务背景 136
（二）任务目标 136
二、相关知识 136
（一）认识"资源"面板 137
（二）创建库项目 137
（三）编辑库项目 138
（四）插入库项目 138

三、任务实施 138
（一）创建"装修方案"库项目 138
（二）在网页中添加库项目 139
实训一　使用模板制作"中国皮影——陕
西皮影"网页 140

实训二　使用库项目制作"中国皮影——
皮影文创产品"网页 141
课后练习 143
技巧提升 144

项目七　使用表单和行为　145

任务一　在"佳美馨装饰——会员登录"
网页中使用表单 146
一、任务描述 146
（一）任务背景 146
（二）任务目标 146
二、相关知识 147
（一）认识表单和表单元素 147
（二）插入表单并设置表单属性 147
（三）插入表单元素 148
三、任务实施 153
（一）创建表单并设置属性 153
（二）插入表单元素并设置属性 154
任务二　在"佳美馨装饰——会员登录"
网页中使用行为 156
一、任务描述 157
（一）任务背景 157

（二）任务目标 157
二、相关知识 157
（一）认识行为 157
（二）认识"行为"面板 158
（三）添加行为 158
（四）修改行为 158
（五）删除行为 159
三、任务实施 159
（一）添加"检查表单"行为 159
（二）添加"弹出信息"行为 159
实训一　在"中国皮影——问卷调查"
网页中使用表单 160
实训二　在"中国皮影——皮影图集"
网页中使用行为 162
课后练习 164
技巧提升 166

项目八　制作移动端网页　167

任务一　制作移动端"装修案例"网页 168
一、任务描述 168
（一）任务背景 168
（二）任务目标 168
二、相关知识 168
（一）认识jQuery Mobile 169
（二）创建jQuery Mobile网页效果 169
（三）使用jQuery Mobile组件 170
三、任务实施 174
（一）添加jQuery Mobile页面 174
（二）为页面添加内容 175
任务二　创建PHP页面 176
一、任务描述 177
（一）任务背景 177

（二）任务目标 177
二、相关知识 177
（一）安装PHP服务器 177
（二）编辑PHP页面 177
（三）浏览PHP页面 178
三、任务实施 178
（一）启动PHP服务器 178
（二）制作并浏览PHP页面 179
实训一　制作移动端"中国皮影"网页 179
实训二　制作移动端"问卷调查"和
"调查结果"网页 181
课后练习 183
技巧提升 184

项目九　测试与发布网站　185

任务一　测试"佳美馨装饰"网站　186
　一、任务描述　186
　　（一）任务背景　186
　　（二）任务目标　186
　二、相关知识　186
　　（一）实时预览网页　187
　　（二）使用设备仿真功能预览网页在
　　　　移动设备中的显示效果　187
　三、任务实施　188
　　（一）实时预览"装修方案精选"网页　188
　　（二）预览"装修案例"网页在移动
　　　　设备中的显示效果　189
任务二　发布"佳美馨装饰"网站　190
　一、任务描述　190

　　（一）任务背景　190
　　（二）任务目标　190
　二、相关知识　190
　　（一）认识域名　190
　　（二）认识网站空间　191
　　（三）发布网站　191
　三、任务实施　192
　　（一）注册域名　192
　　（二）购买网站空间　194
　　（三）发布站点　196
实训　测试与发布"中国皮影"网站　198
课后练习　199
技巧提升　200

项目十　综合案例——"非遗文化"网站建设　201

任务一　前期规划　202
　（一）分析网站的用户需求　202
　（二）定位网站风格　202
　（三）规划网站草图　202
　（四）收集网站素材　202
　（五）设计网页效果图　202
任务二　创建网站站点　202
任务三　制作网页模板　203

任务四　制作网站页面　208
　（一）制作主页　208
　（二）制作订购页面　211
实训一　制作珠宝公司"产品中心"
　　　网页　212
实训二　制作"微观多肉世界"网站　214
课后练习　215
技巧提升　217

项目一
网页设计基础

情景导入

　　米拉是一名刚参加实习工作的应届毕业生，在某公司从事网页设计工作。洪钧威（人称老洪）是该公司设计部的主管，他看过米拉的简历，认为这个年轻人很有潜力，值得重点培养。正好公司最近要为"佳美馨装饰"设计一个网站，于是他安排米拉也参与这个项目，并让米拉先熟悉网页设计的基础知识，为之后的网页设计打下基础。

学习目标

- 了解网站、网页、主页的基本概念，以及网页设计常用术语和网页的构成元素
- 了解常用网页制作软件
- 了解HTML、HTML5和JavaScript的相关知识

- 了解网站开发流程、网页设计内容和网页设计原则的相关知识
- 认识Dreamweaver 2020的操作界面
- 掌握创建和编辑站点的方法

素养目标

- 培养对网页制作的兴趣
- 提高规划与布局网站的能力

任务一 规划"佳美馨装饰"网站结构

"佳美馨装饰"网站是一个装饰网站，老洪让米拉先规划一下该装饰网站首页的结构。由于米拉是第一次接触网页制作，因此决定先了解一下网页制作的相关知识，再规划网站首页的结构。规划后的网站首页结构如图1-1所示。

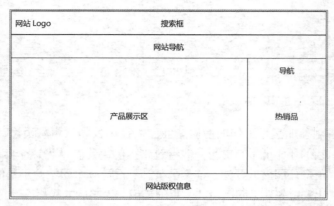

图1-1 "佳美馨装饰"网站首页结构

一、任务描述

（一）任务背景

随着人们生活水平的不断提高，人们希望自己的居住环境更加健康、美观，这使得装饰行业得到快速发展，对装饰网站的需求也日益增多。好的装饰网站往往具有资源全面、操作方便、界面美观等特点。"佳美馨装饰"网站除了应该具备装饰网站的一般特点，还应该突出"专业性"，因此需要有效地设计和整合网站色彩、布局等。本任务暂不考虑色彩、布局等方面的规划，重点考虑网站结构。

（二）任务目标

（1）了解网页设计相关的基本概念、常用术语和网页的构成元素。

（2）了解网页制作常用的软件及相关的语言。

（3）了解网站开发流程、网页设计内容和网页设计原则的相关知识。

二、相关知识

对于想要步入网页设计领域的设计人员来说，需要先掌握网页设计的基础知识。

（一）网站、网页、主页的概念

网站、网页、主页是网络的基本组成元素，网站和网页之间、网页和主页之间是包含与被包含的关系，具体介绍如下。

- **网站**：网站是指在Internet（因特网）中根据一定规则，使用HTML（Hypertext Markup Language，超文本标记语言）等脚本语言设计的用于展示特定内容的相关网页集合。网站由多个网页组成，但网站并不是网页的简单罗列、组合，而是将网页用超链接的方式连接起来，既有鲜明风格，又有完善内容的有机整体。

- **网页**：网页是Internet中的页面，在浏览器的地址栏中输入网站地址，访问该网站后打开的页面就是网页。网页是构成网站的基本元素，按表现形式可分为静态网页和动态网页两种类型。静态网页通常使用HTML编写，没有交互性，其扩展名为.html或.htm；动态网页通常会利用ASP（Active Server Pages，活动服务器页面）、PHP（Page Hypertext Preprocessor，页面超文本预处理器）、JSP（Java Server Pages，Java服务器页面）等，具有较好的交互性，其扩展名分别为.asp、.php、.jsp。

- 主页：主页也被称为首页或起始页，是用户进入网站后看到的第一个页面。大多数主页的文件名为index、default、main加扩展名。

（二）网页设计常用术语

网页设计有常用的专业术语，如Internet、WWW、浏览器、URL、IP地址、域名、FTP、发布、客户机和服务器等。网页设计师必须熟练掌握这些常用术语。

1. Internet

Internet是全球最大、连接能力最强，由遍布全世界的众多大大小小的网络相互连接而成的计算机网络，是由美国的阿帕网（ARPANET）发展而来的。Internet主要采用TCP/IP（Transmission Control Protocol/Internet Protocol，传输控制协议/互联网协议），它使网络上的各个计算机可以相互交换各种信息。

2. WWW

WWW是World Wide Web（万维网）的缩写，其功能是让Web客户端（如浏览器）访问Web服务器中的网页。

3. 浏览器

浏览器是将Internet中的文本文档和其他文件翻译成网页的软件，用户通过浏览器可以快速获取Internet中的内容。常用的浏览器有Internet Explorer（IE）、Firefox、Chrome等。

4. URL

URL（Uniform Resource Locator，统一资源定位符）是用于定位和访问互联网资源的标准字符串，如"http://www.baidu.com"。其中，"http://"表示通信协议为超文本传送协议（Hypertext Transfer Protocol，HTTP），"www.baidu.com"表示网站域名。

5. IP地址

IP地址（Internet Protocol Address，互联网协议地址）是给连接到互联网的设备分配的网络层地址。Internet中的每台计算机都有唯一的IP地址，表示该计算机在Internet中的位置。IP地址实际由32位的4段二进制数组成，每段8位，各段用小数点分开。IP地址通常分为5类，常用的有A、B、C这3类，具体介绍如下。

- A类：前8位表示网络号，后24位表示主机号，有效范围为1.0.0.1～126.255.255.254。
- B类：前16位表示网络号，后16位表示主机号，有效范围为128.0.0.1～191.255.255.254。
- C类：前24位表示网络号，后8位表示主机号，有效范围为192.0.0.1～223.255.255.254。

6. 域名

域名是指网站的名称，任何网站的域名都是唯一的。域名也可以看作网站的网址，如"www.baidu.com"就是百度网的域名。域名由固定的网络域名管理机构进行全球统一管理，因此用户需向各地的网络域名管理机构申请才能获取域名。例如，新浪网的域名为www.sina.com.cn，其中"www"为机构名，"sina"为主机名，"com"为类别名，"cn"为地区名。

7. FTP

通过FTP（File Transfer Protocol，文件传送协议）可以把文件从一个地方传到另外一个地方，从而真正地实现资源共享。

8. 发布

发布是指将制作好的网页上传到网络的过程，也称为上传网页。

9. 客户机和服务器

用户浏览网页时，实际是由个人计算机向Internet中的计算机发出请求，Internet中的计算机接收到请求后响应请求，并将请求需要的内容通过Internet发送到个人计算机上。这种发送请求的个人计算机称为客户机或客户端，而Internet中的计算机称为服务器或服务端。

（三）网页的构成元素

文本和图像是构成网页基本的两个元素。除此之外，构成网页的元素还包括 Logo、导航、动画、超链接、视频等，如图1-2所示。

图1-2　网页中的元素

- **文本**：文本是网页基本的构成元素之一，是网页主要的信息载体，它可以非常详细地将信息传送给用户。文本在网络上的传输速度较快，用户可方便地浏览和下载文本信息。

- **图像**：图像也是网页不可或缺的元素，可以传递一些文本不能传递的信息，其表现形式比文本更直观和生动。

- **Logo**：在网页设计中，好的 Logo 不仅可以为企业或网站树立好的形象，还可以传达丰富的行业信息。

- **导航**：导航是网页设计必不可少的基础元素之一。它可以引导用户了解网页的内容结构，使用户在短时间内获取信息。

- **动画**：网页中常用的动画主要有两种，一种是GIF（Graphics Interchange Format，图像交换格式）动画，另一种是SWF（Shock Wave Flash，Flash专用格式）动画。GIF动画是逐帧动画，比较简单；而SWF动画不但具有较强的表现力和视觉冲击力，还可以结合声音和互动功能，给用户带来丰富的视听感受。

- **超链接**：超链接是指从一个网页指向一个目标的连接关系，可以实现网站中各元素的连接。超链接可以是文本链接、图像链接、锚点链接等。只有将网页链接在一起，才能构成真正的网站。单击超链接既可以在当前页面中跳转，也可以跳转到页面外。

- **视频**：网页中的视频文件一般为FLV（Flash Video，Flash视频）格式。FLV是一种基于Flash MX的视频流格式，具有文件小、加载速度快等特点，是最常用的网页视频格式之一。

（四）常用网页制作软件

在制作网页的过程中需要使用多种软件，如图像处理软件——Photoshop、动画制作软件——Animate、网页编辑软件——Dreamweaver（本书均指Dreamweaver 2020）等。

1. 图像处理软件——Photoshop

Photoshop的缩写为PS，是由Adobe公司开发和发行的图像处理软件。Photoshop集平面设计、网页制作、广告创意设计、图像输入与输出于一体，深受广大平面设计人员和网页美工设计师的喜爱。图1-3所示为Photoshop CC 2020的操作界面。

图1-3 Photoshop CC 2020的操作界面

2. 动画制作软件——Animate

Animate是Adobe公司推出的专业的二维动画制作软件，其前身为大名鼎鼎的Flash。由于新的网页动画制作技术——HTML5的兴起，Adobe公司对Flash进行了很多改进，并将改进后的软件命名为Animate。Animate除了可以制作原有的以ActionScript 3.0为脚本语言的SWF格式的动画，还新增了以JavaScript为脚本语言的HTML5 Canvas和WebGL格式的动画，这两种新增动画不需要依赖任何插件就能在各种浏览器中运行。图1-4所示为Animate CC 2020的操作界面。

3. 网页编辑软件——Dreamweaver

Dreamweaver是Adobe公司开发的集网页制作和网站管理于一体的网页代码编辑器，也是针对专业网页设计师开发的视觉化网页开发工具，专业网页设计师利用它可以轻松地制作出跨越平台限制和浏览器限制的网页。Dreamweaver的特点是能够快速创建各种静态、动态网页。除此之外，它还是出色的网站管理、维护软件。图1-5所示为Dreamweaver 2020的操作界面。

图1-4　Animate CC 2020 的操作界面　　　　图1-5　Dreamweaver 2020的操作界面

（五）HTML

HTML是网页设计的基础，制作网页前需要了解HTML的概念、编辑软件和文档构成等知识。

1. HTML的概念

HTML是一种标记语言，它通过标签来标记要显示在网页中的内容。网页文档是一种文本文件，通过在文本文件中添加标签，可以告诉浏览器如何显示其中的内容，如文本如何处理、画面如何安排、图片如何显示等。

HTML的语法非常简单，但功能却很强大。它支持嵌入不同格式的文件，包括图像、音频、视频、动画、表单等，这也是HTML能在互联网中流行的原因之一。HTML的主要特点如下。

- **简易性**：HTML的内核采用超集方式，用户编写代码更加灵活、方便。
- **可扩展性**：HTML提供了很广泛的扩展性支持来为HTML文档增添语义化的支持。例如，使用类来拓展元素的含义和行为，使用<meta>标签来定义元数据，使用<script>标签来嵌入原始数据，使用<embed>标签来创建和使用插件。
- **平台无关性**：浏览器的种类众多，为了使同一个HTML文档在不同标准的浏览器中都能显示相同的效果，HTML使用了统一的标准。

2. HTML编辑软件

HTML编辑软件大体可以分为3种。

- **基本文本、文档编辑软件**：使用Windows操作系统自带的记事本或写字板都可以编写HTML代码，需要以.htm或.html作为扩展名保存HTML文档，方便浏览器直接运行。

- **"半所见即所得"软件**：这类软件能大大提高开发效率，使制作者在短时间内制作出网页，这种类型的软件主要有国产软件网页作坊和HotDog等。
- **"所见即所得"软件**：这类软件是使用较广泛的编辑软件，用户即使完全不懂HTML的知识也可以制作出网页，这类软件主要有Dreamweaver和Amaya等；与"半所见即所得"软件相比，使用这类软件开发网页的速度更快、效率更高，网页表现力更强，对任何地方所做的修改只需要刷新即可显示。

3. HTML 文档构成

HTML 文档构成非常简单，下面在浏览器中打开一个index.html文档，如图1-6所示。在网页空白处单击鼠标右键，在弹出的快捷菜单中选择"查看网页源代码"命令（不同浏览器命令名称会有所不同），查看网页的源代码，如图1-7所示。

图1-6　在浏览器中打开HTML文档

图1-7　查看HTML源代码

每个网页对应一个HTML文档，任何能够生成TXT格式文件的文本编辑软件都可以生成HTML文档，需要使用HTML文档时只需将TXT格式文件的扩展名修改为.htm或.html。

HTML文档用标签来描述，标签是由角括号包围的关键词，如<html>；且一般成对出现，如<html>和</html>，第一个标签是开始标签，第二个标签是结束标签。但部分特殊标签不是成对出现的，如
。

标准的HTML 文档一般都具有基本的结构，如图1-8所示。除了HTML 文档的开始标签 <html>与结束标签</html>外，还包括头部和主体。

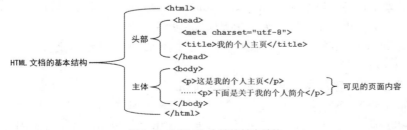

图1-8　HTML 文档的基本结构

- **头部：** \<head\>和\</head\>标签分别表示头部信息的开始和结束。头部一般包含网页的标题、序言、说明等内容，它本身不作为网页的内容显示，但影响网页显示的效果。头部中常用的标签是\<title\>标签和\<meta\>标签，其中\<title\>标签用于定义网页标题。
- **主体：** \<body\>标签用于定义网页的主体内容。网页中显示的实际内容均包含在该标签中，如文本、超链接、图像等。在 HTML 文档中，网页内容均可用标签来描述，如\<h1\>、\<p\>等。表 1-1 所示为常见的标签及其示例。

表 1-1　常见的标签及其示例

名称	标签	示例
超链接	\<a\>	\<a href="url"\> 显示的文本或图像 \</a\>
表格	表格用\<table\>表示，行用\<tr\>表示，单元格用\<td\>表示	\<table\>\<tr\>\<td\> 单元格显示的内容 \</td\>\</tr\>\</table\>
列表	列表用\<list\>表示，项目列表用\<ul\>表示，编号列表用\<ol\>表示，列表项用\<li\>表示	\<list\>\<ul\>\<li\> 项目 \</li\>\</ul\>\</list\>
表单	\<form\>	\<form\>\<input type="submit" value=" 提交"\>\</form\>
图像	\<img\>	\<img src = "/images/smile.jpg" alt=" 个人照片"\>
字体	\<font\>	\<font color="#0000FF"\> 这是我的个人主页 \</font\>

标签可以拥有属性，通过属性可以扩展标签的功能。例如，\<font color="#0000FF"\>中 color 属性可以将文本颜色设置为蓝色。属性通常以属性名和属性值的形式成对出现，如 color="#0000FF"，"color" 是属性名，"#0000FF" 是属性值，属性值一般用英文状态的双引号标识。

（六）HTML5

HTML5 是 HTML 最新的修订版本，HTML5 结合了 HTML 4.01 的相关标准并对其进行了革新，更符合现代网络发展的要求。2012 年 12 月 17 日，万维网联盟（World Wide Web Consortium，W3C）宣布 HTML5 规范正式定稿，并称 " HTML5 是开放的 Web 网络平台的奠基石"。下面介绍 HTML5 的新标签及新特点。

1. HTML5 的新标签

为了更好地应对各种互联网应用，HTML5 中增加了一些新标签。

- **导航索引标签：** 导航索引标签 \<nav\> 有助于规划页面结构，从而便于网页设计人员设计网页，也便于更好地为用户提供导航索引服务。
- **视频和音频标签：** 视频和音频标签用于添加视频和音频文件，包括\<video\>和 \<audio\>标签等。
- **文档结构标签：** 文档结构标签包括\<header\>、\<footer\>、\<dialog\>、\<aside\> 和 \<figure\>标签等，其外观和作用与\<div\>标签的基本相同，都可以对网页进行布局分块，但使用文档结构标签还可以方便搜索引擎分辨网页各部分的内容和作用。
- **文本和格式标签：** HTML5 中的文本和格式标签与其他版本 HTML 中的基本相同，只是删除了 \<u\>、\<font\>、\<center\> 和 \<strike\> 标签。

- **表单元素标签**：HTML5 与其他版本的 HTML 相比，在表单元素标签中添加了更多的输入对象，如在 <input type=""> 中添加了如电子邮件、日期、URL 和颜色等输入对象。

2. HTML5 的新特点

HTML5 与其他版本的 HTML 相比具有以下新特点。

- **全新且合理的标签**：全新且合理的标签主要用于处理多媒体对象的绑定情况，在其他版本的 HTML 中，多媒体对象都绑定在 <object> 和 <embed> 标签中，而在 HTML5 中，则有单独的视频和音频标签。
- **Canvas 对象**：Canvas 对象主要为浏览器带来了直接绘制矢量图的功能，可以不使用 Flash 和 Silverlight 插件，直接在浏览器中显示图像和动画。
- **本地数据库**：HTML5 通过内嵌一个本地 SQL（Structure Query Language，结构查询语言）数据库，增加了交互式搜索、缓存和索引功能。
- **浏览器中的真正程序**：HTML5 在浏览器中提供了 API（Application Program Interface，应用程序接口），可实现在浏览器内编辑、拖放对象和各种图形用户界面的功能。

（七）JavaScript

JavaScript 是一种脚本语言，它支持客户机和服务器的网页应用程序的开发。在客户机中，JavaScript 可以用于编写在浏览器页面中执行的程序。在服务器中，JavaScript 可以用于编写网页服务器程序。网页服务器程序用于处理浏览器页面提交的各种信息并相应地更新浏览器的显示效果。JavaScript 是一种由对象和事件驱动且具有安全性能的语言。下面简单介绍 JavaScript 的特点、引用。

1. JavaScript 的特点

JavaScript 可以与 HTML 一起在一个网页中链接多个对象，实现交互功能，并且 JavaScript 是通过嵌入或被调用到标准的 HTML 来使用的，弥补了 HTML 的缺陷。

JavaScript 是一种比较简单的编程语言。在使用时直接在 HTML 文档中添加脚本，无须单独编译解释。在预览网页时浏览器可以直接读取脚本执行指令。JavaScript 使用简单、方便，运行速度快，适用于开发简单应用。Dreamweaver 中的行为效果就是使用 JavaScript 脚本实现的。

2. JavaScript 的引用

在 Dreamweaver 中，JavaScript 的脚本可通过 <script> 标签引用，如图 1-9 所示。如果需要重复使用某段 JavaScript 的脚本，则可将这段脚本存为一个单独的文件，其扩展名为 .js。要引用该脚本文件时，只需使用 src 属性即可，如图 1-10 所示。

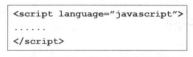

```
<script language="javascript">
......
</script>
```

图1-9　JavaScript 脚本的引用

```
<script language="javascript" src="script.js">
</script>
```

图1-10　JavaScript 脚本文件的引用

（八）网站开发流程

图 1-11 所示为网站开发流程图，从中可看出网站开发流程主要分为需求分析、设计阶段，实现阶段和发布阶段。

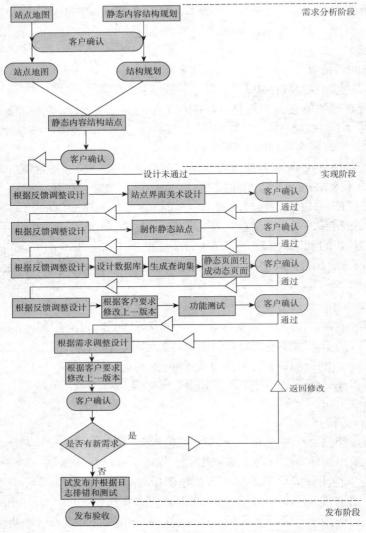

图1-11 网站开发流程图

1. 需求分析、设计阶段

在这一阶段，需求分析人员首先设计出站点的结构，然后规划站点所需功能、内容结构页面等，经客户确认后才能进行下一步的操作。在这一阶段中，需要与客户紧密沟通，认真分析客户提出的需求以减少后期再变更的可能性。

2. 实现阶段

功能、内容结构页面确认后，可以将功能、内容结构页面交付给美工人员设计，随后让客户通过设计界面进行确认；客户确认设计方案后，可以开始制作静态站点。制作好静态站点后，向客户演示，在此静态站点上修改网页设计和功能，直到客户满意。随后进行数据库设计和编码开发。

3. 发布阶段

整个网站制作完成后，需要先对网站进行测试，如测试网页的美观度、实用性，以及是否有编码错误等。测试通过后即可试运行。在试运行阶段，编码人员还需要根据收集到的日志进行排错、测试，直至最后交付客户使用。

（九）网页设计内容

网页设计内容包括以下4个方面。

- **确定网站背景和定位**：确定网站背景是指在网站规划前，先对网站环境进行调查分析，包括开展社会环境调查、消费者调查、竞争对手调查、资源调查等。网站定位是指在调查的基础上进行进一步规划，一般是根据调查结果确定网站的服务对象和内容。需要注意的是，网站的内容一定要有针对性。

- **确定网站目标**：确定网站目标是指为网站建设提供总的框架大纲、网站需要实现的功能等。

- **内容与形象规划**：网站的内容与形象是网站最吸引浏览者的因素之一。与内容相比，多变的形象设计，如网站的风格设计、版式设计、布局设计等，具有更加丰富的表现效果。这一环节需要设计师、编辑人员、策划人员全力合作，才能实现内容与形象的高度统一。

- **网站推广**：网站推广是网页设计过程中必不可少的环节。一个优秀的网站，尤其是商业网站，有效的市场推广是其成功的关键因素之一。

（十）网页设计原则

网页设计需要遵循以下3个原则。

- **内容与形象的统一**：好的信息内容应当具有编辑合理性和与形象的统一性。形象是为内容服务的，而内容需要通过美观的形象才能吸引浏览者的关注。就如同包装与产品，美观的包装能促进产品的销售。

- **风格定位准确**：网站的风格对网页设计具有决定性的作用，网站风格包括内容风格和设计风格。内容风格主要体现在文本的展现方法和表达方法上，设计风格则体现在构图和排版上。例如，主页风格通常依赖于版式设计、页面色调处理、图文排版等。总之，设计时一定要遵循美观、科学的色彩搭配和构图原则。

知识补充　　如何保持网页设计风格的统一

保持网页设计风格统一的方法是：保持网页某部分固定不变，如Logo、徽标、商标和导航栏等，或者设计有相同风格的图表和图像。通常，上下结构的网页保持导航栏和顶部的Logo等内容固定不变。需要注意的是，不能陷入一个固定不变的模式，要在统一的前提下寻找变化，寻找设计风格的衔接和设计元素的多元化。

- **结合CIS进行设计**：企业识别系统（Corporate Identity System，CIS）是企业、团体在形象上的整体设计，包括企业理念识别（Mind Identity，MI）、企业行为识别（Behavior Identity，BI）、企业视觉识别（Visual Identity，VI）3部分。VI系统是CIS中的视觉传达系统，对企业形象在各种环境下的应用进行了合理规定。在网站中，标志、色彩、风格、理念的统一延续性是VI应用的重点。随着网络的发展，网站成为企业、集团宣传自身形象和传递企业信息的一个重要窗口。VI系统在提高网站质量、树立专业形象等方面起到举足轻重的作用。CIS还包括标准化的Logo和标准化的色彩两部分。

职业素养　　网页的配色在网页设计中是十分重要的，不同的配色会带给人不同的感觉，从而产生不同的印象和风格。为了提高自己的配色能力，网页设计人员除了需要了解配色理论知识，还需要在实践中去找寻规律，可以对同一网页进行不同色系的尝试和搭配，从而挑选出最为合适的配色。另外，网页设计人员还可以多看看其他设计师的作品，分析和学习配色技巧。

三、任务实施

在制作网站前，需要先对网站进行准确定位，明确网站的主题与类型，然后规划网站栏目、网站草图、站点文件结构。下面以"佳美馨装饰"网站为例，介绍网站的前期策划与内容组织。

（1）确定网站完整栏目。经过调查分析，"佳美馨装饰"网站需要建设以下栏目：首页、成功案例、公司荣誉、联系我们。

（2）设计网页结构。在设计网页结构时，只需要绘制一个草图，并不需要进行精确设计，它更注重的是创作者的设计意图与作品的大体布局。设计网页结构需要设计人员先整理网页内容，然后使用纸、笔或草图设计工具来进行绘制。网页结构确定好后，后期将根据它来设计网站的效果图。"佳美馨装饰"网站首页结构如图1-12所示。

（3）规划站点文件结构。站点文件结构决定了网站中文件的保存位置，对后期网站的制作效率有很大的影响。因此，站点文件结构一定要清晰、层次分明，易于导航。图1-13所示为站点文件结构。

图1-12　"佳美馨装饰"网站首页结构

图1-13　站点文件结构

任务二　创建"佳美馨装饰"站点

规划完"佳美馨装饰"网站的结构后，老洪让米拉创建"佳美馨装饰"网站的站点。

一、任务描述

（一）任务背景

创建"佳美馨装饰"站点，需要先新建一个文件夹作为网站的根目录，然后在Dreamweaver的"站点设置对象"对话框中创建站点。

（二）任务目标

（1）认识Dreamweaver 2020的操作界面。

（2）掌握创建和编辑站点的方法。

二、相关知识

要完成本任务，需要了解Dreamweaver 2020的操作界面，并掌握创建和编辑站点的相关知识。

（一）认识Dreamweaver 2020的操作界面

选择"开始""所有程序""Adobe Dreamweaver 2020"命令即可启动Dreamweaver 2020，进入其操作界面，如图1-14所示。下面介绍Dreamweaver 2020操作界面的各个组成部分。

图1-14 Dreamweaver 2020的操作界面

1. 菜单栏

菜单栏以菜单的方式集合了Dreamweaver的所有命令，单击某个菜单项，在打开的菜单中选择相应的命令即可执行对应的操作。

2. 工作区切换器

根据不同的用户需求，工作区切换器集合了"开发人员"和"标准"两种工作区模式，当然也可以新建并保存自定义的工作区模式。

3. 文档工具栏

文档工具栏位于菜单栏下方，主要用于切换视图模式。Dreamweaver提供了以下4种视图模式。

- "代码"视图：在文档工具栏中单击 代码 按钮可切换到"代码"视图，此时在文档窗口中将显示页面的代码，"代码"视图适用于直接编写代码，如图1-15所示。

- **"拆分"视图：** 在文档工具栏中单击 拆分 按钮可切换到"拆分"视图，该视图可在文档窗口中同时显示"代码"视图和"设计"视图，如图1-16所示。

图1-15 "代码"视图   图1-16 "拆分"视图

- **"设计"视图：** 在文档工具栏中单击 设计 按钮可切换到"设计"视图，此时仅在文档窗口中显示页面的设计界面，如图1-17所示。
- **"实时"视图：** 在文档工具栏中单击 ▾ 按钮，在打开的下拉列表中选择"实时视图"选项，如图1-18所示，可切换到"实时"视图，其中显示最终的页面效果。

图1-17 "设计"视图   图1-18 "实时"视图

4. 文档窗口

文档窗口主要用于显示当前创建和编辑的网页文档内容。文档窗口由标题栏、编辑区和状态栏组合而成，如图1-19所示。

- **标题栏：** 主要用于显示当前页面的名称。
- **编辑区：** 主要用于编辑网页。
- **状态栏：** 主要用于显示网页区域中的标签名称，以及切换各页面设置的分辨率，如智能手机的分辨率为375像素×667像素，平板电脑的分辨率为1024像素×768像素，计算机的分辨率为1920像素×1080像素。另外可单击右侧的 按钮，在打开的下拉列表中选择某个浏览器选项，可以启动该浏览器并实时浏览正在编辑的网页。

标题栏

编辑区

状态栏

图1-19　文档窗口

5．工具栏

工具栏位于文档窗口的左侧，在不同视图下工具栏中会显示不同的工具。用户也可以根据需要自定义工具栏中所显示的工具，方法为：在工具栏中单击"自定义工具栏"按钮，在打开的"自定义工具栏"对话框中选中需要的工具，然后单击 完成 按钮，如图1-20所示。

6．"属性"面板

"属性"面板用于显示文档窗口中所选元素的属性，并允许用户在该面板中修改元素属性。在网页中选择的元素不同，其"属性"面板中的各参数也会不同，如选择文档，那么"属性"面板上将会出现关于文档设置的"HTML"和"CSS"选项卡（后文操作时请读者区分具体选项卡），如图1-21所示。

图1-20　自定义工具栏

图1-21　"属性"面板

7．面板组

面板组是停靠在操作界面右侧的浮动面板集合，包含编辑网页文档的常用工具。在Dreamweaver的面板组中主要包括"插入""属性""CSS设计器""文件""资源""DOM""行为"等面板。下面简单介绍其中的3种面板。

- **"插入"面板**："插入"面板是Dreamweaver 面板组非常重要的组成部分，主要用于在网页中插入各类网页元素，包括"HTML""表单""Bootstrap组件""jQuery Mobile""jQuery UI""收藏夹"等类别。只需在"类别"下拉列表框中选择所需类别即可进行切换，如图1-22所示。例如，切换到"收藏夹"类型，然后在面板中单击鼠标右键，在打开的"自定义收藏夹对象"对话框中可以将常用的插入对象添加到收藏夹中，如图1-23所示。

图1-22　插入面板

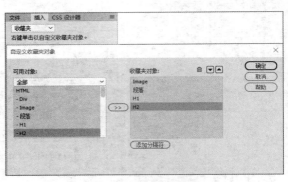
图1-23　自定义收藏夹

- ● **"CSS设计器"面板**：用于创建和编辑CSS样式，依次单击面板各列表标题处的 **+**、**−**按钮，可实现源、媒体、选择器、属性等的新建和删除操作，如图1-24所示。
- ● **"文件"面板**：用于查看站点、文件或文件夹。用户可以展开或折叠"文件"面板，折叠时将以文件列表的形式显示本地站点等内容，如图1-25所示。

图1-24　"CSS设计器"面板

图1-25　"文件"面板

（二）创建和管理站点

在Dreamweaver中，站点是指某个网站的文档的本地或远程存储位置。利用Dreamweaver站点，可以组织和管理所有Web文档，然后将站点上传到Web服务器，以便于跟踪和维护链接以及管理和共享文件。

用户可以创建多个站点，还可以对站点进行管理操作，如导出与导入站点，编辑、复制、删除站点以及规划站点结构等。方法为：选择"站点""管理站点"命令，打开图1-26所示的"管理站点"对话框，在其中可以对已创建的站点进行操作。

"管理站点"对话框中相关选项的含义如下。

- ● **预览列表框**：该列表框中显示了用户创建的所有站点的名称和类型，用户可以在该列表框中选择不同的站点进行编辑、删除、复制和导出等操作。

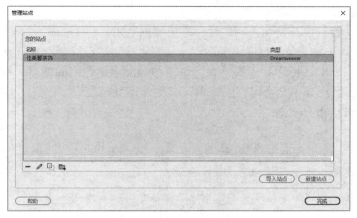

图1-26 "管理站点"对话框

- **"删除当前选定的站点"按钮[-]**：选择"管理站点"对话框中不再使用的站点，单击该按钮可将其删除。
- **"编辑当前选定的站点"按钮[✎]**：单击该按钮，可在打开的对话框中修改所选站点的名称和存储路径等。
- **"复制当前选定的站点"按钮[⬒]**：单击该按钮，可复制当前所选站点，得到所选站点的副本。
- **"导出当前选定的站点"按钮[▣]**：单击该按钮，可导出当前所选站点，在打开的对话框中选择站点的存放位置，单击 保存(S) 按钮，即可导出所选站点。
- **导入站点 按钮**：单击该按钮，可在打开的对话框中选择需要导入的站点，导入的站点会显示在预览列表框中。
- **新建站点 按钮**：单击该按钮，可创建新的Adobe Dreamweaver站点，然后在"站点设置对象"对话框中指定新站点的名称和位置。

1. 创建本地站点

在Dreamweaver中新建网页前，最好先创建本地站点，然后在本地站点中创建网页，这样便于在其他计算机中预览网页。在Dreamweaver中创建本地站点主要有以下3种方法。

- **使用菜单**：选择"站点""新建站点"命令，在打开的对话框中设置站点的名称、保存位置等。
- **使用"管理站点"对话框**：选择"站点""管理站点"命令，打开"管理站点"对话框，单击 新建站点 按钮，在打开的对话框中进行设置。
- **使用"文件"面板**：在"文件"面板中单击"管理站点"超链接或该超链接前的下拉按钮[⌄]，在打开的下拉列表中选择"管理站点"选项；打开"管理站点"对话框，单击 新建站点 按钮，在打开的对话框中进行设置。

2. 编辑站点

编辑站点是指对存在的站点重新设置参数，如为创建的站点输入URL，方法为：选择"站点""管理站点"命令，打开"管理站点"对话框，在预览列表框中选择需要修改的站点，单击"编辑当前选定的站点"按钮[✎]，在打开的对话框左侧单击"高级设置"选项，在展开的列表中选择"本地信息"选项，选中"站点根目录"单选按钮，在"Web URL"文本框中输入URL，然后单击 保存 按钮。

3. 导出站点

同时在多台计算机中开发同一网站时，需要导出站点。在 Dreamweaver 中，导出的站点的扩展名为 .ste。导出站点的方法为：选择"站点""管理站点"命令，打开"管理站点"对话框，在预览列表框中选择需导出的站点，单击"导出当前选定的站点"按钮，打开"导出站点"对话框，选择导出站点保存的位置，其他保持默认设置，单击 保存(S) 按钮完成导出站点操作，如图1-27所示。

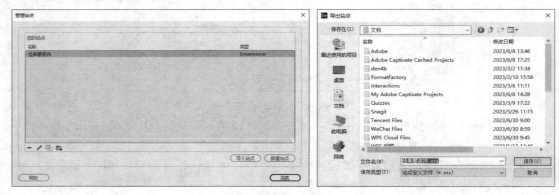

图1-27　导出站点

4. 导入站点

".ste"格式的站点可以由Dreamweaver直接导入，以实现站点的备份和共享。导入站点的方法为：打开"管理站点"对话框，单击 导入站点 按钮，打开"导入站点"对话框，找到需要导入的站点并将其选中，单击 打开(O) 按钮；返回"管理站点"对话框，查看导入的站点，单击 完成 按钮，返回Dreamweaver操作界面，自动打开"文件"面板显示的导入的站点。

5. 复制与删除站点

在"管理站点"对话框中，用户可以方便地对站点进行复制与删除操作。

● **复制站点**：打开"管理站点"对话框，在预览列表框中选择需要复制的站点，单击"复制当前选定的站点"按钮可复制站点，单击"编辑当前选定的站点"按钮可对复制的站点进行编辑。

● **删除站点**：打开"管理站点"对话框，在预览列表框中选择要删除的站点，单击"删除当前选定的站点"按钮，在打开的提示对话框中单击 是 按钮即可删除站点。

（三）管理站点中的文件和文件夹

为了更好地管理网页和素材，新建站点后，用户需要将制作网页所需的所有文件都存放在站点根目录中。用户可以在站点中进行站点文件或文件夹的添加、移动和复制、删除、重命名等操作。

● **添加文件或文件夹**：网站内容的分类决定了站点中文件和文件夹的数量。通常，网站中每个内容分类的所有文件统一存放在单独的文件夹中，根据网站的大小，还可继续进行细分。如果把图书室看作一个站点，书柜就相当于文件夹，书柜中的书本就相当于文件。在站点中添加文件或文件夹的方法为：在文件或文件夹上单击鼠标右键，在弹出的快捷菜单中选择"新建文件"或"新建文件夹"命令。

- **移动和复制文件或文件夹**：新建文件或文件夹后，若对文件或文件夹的位置不满意，可将其移动。为了加快新建文件或文件夹的速度，还可通过复制的方法快速新建文件或文件夹。在"文件"面板中选择需要移动或复制的文件或文件夹，将其拖曳到需要的新位置即可完成移动操作；若在移动的同时按住"Ctrl"键不放，则可复制文件或文件夹。

- **删除文件或文件夹**：若不再使用站点中的某个文件或文件夹，则可将其删除。方法为：选中需删除的文件或文件夹，单击鼠标右键，在弹出的快捷菜单中选择"编辑""删除"命令，或直接按"Delete"键，在打开的对话框中单击 ⬭是⬭ 按钮即可删除文件或文件夹。

- **重命名文件或文件夹**：选择需要重命名的文件或文件夹，单击鼠标右键，在弹出的快捷菜单中选择"编辑""重命名"命令，使文件或文件夹的名称呈可编辑状态，输入新名称即可。

三、任务实施

（一）创建站点

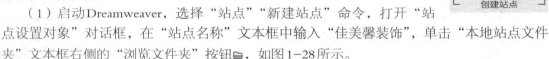

下面以新建"佳美馨装饰"网站的本地站点为例，介绍站点的创建方法，具体操作如下。

（1）启动Dreamweaver，选择"站点""新建站点"命令，打开"站点设置对象"对话框，在"站点名称"文本框中输入"佳美馨装饰"，单击"本地站点文件夹"文本框右侧的"浏览文件夹"按钮 📁，如图1-28所示。

（2）打开"选择根文件夹"对话框，选择创建好的"jmx"文件夹，单击 选择文件夹 按钮选择站点的保存路径，如图1-29所示。返回"站点设置对象"对话框，单击 ⬭保存⬭ 按钮完成站点的创建。

图1-28　设置站点名称

图1-29　设置站点的保存路径

（3）在"文件"面板中可查看新建的站点，如图1-30所示。

（二）编辑站点

编辑站点是指重新设置站点的参数，下面编辑"佳美馨装饰"网站站点，并输入URL，具体操作如下。

（1）选择"站点""管理站点"命令，打开"管理站点"对话框，在预览列表框中选择"佳美

图1-30　新创建的站点

馨装饰"站点，单击"编辑当前选定的站点"按钮 ✎，如图1-31所示。

（2）在打开的"站点设置对象"对话框左侧单击"高级设置"选项，在展开的列表中选择"本地信息"选项，在"Web URL"文本框中输入"http://localhost/"，选中"链接相对于"栏中的"文档"单选按钮，如图1-32所示，然后单击 ▭保存▭ 按钮返回"管理站点"对话框。

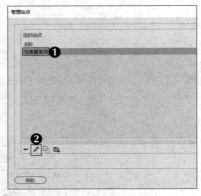

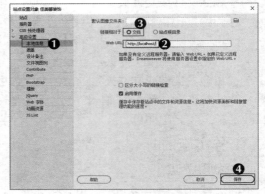

图1-31　编辑站点　　　　　　　　　　　　　　　　图1-32　设置Web URL

（3）单击 ▭完成▭ 按钮关闭"管理站点"对话框。

（三）管理站点文件和文件夹

为了更好地管理网页和素材，下面在"佳美馨装饰"网站站点中编辑文件和文件夹，具体操作如下。

（1）在"站点－佳美馨装饰"选项上单击鼠标右键，在弹出的快捷菜单中选择"新建文件"命令新建一个HTML文件。单击新建文件的名称，使文件名称呈可编辑状态，修改文件名为"index"，然后按"Enter"键确认，如图1-33所示。

（2）继续在"站点－佳美馨装饰"选项上单击鼠标右键，在弹出的快捷菜单中选择"新建文件夹"命令，如图1-34所示，将新建的文件夹名称更改为"web"，完成后按"Enter"键确认。

（3）使用相同的方法在创建的"web"文件夹上利用鼠标右键创建两个文件和一个文件夹，其中两个文件的名称分别为"wzjj.html"和"cgal.html"，文件夹的名称为"image"（用于存放图片），如图1-35所示。

图1-33　修改文件名称　　　　　图1-34　新建文件夹　　　　　图1-35　新建文件和文件夹

（4）在"web"文件夹上单击鼠标右键，在弹出的快捷菜单中选择"编辑""拷贝"命令，如图1-36所示。

（5）在"站点-佳美馨装饰"文件夹上单击鼠标右键，在弹出的快捷菜单中选择"编辑""粘贴"命令，如图1-37所示。

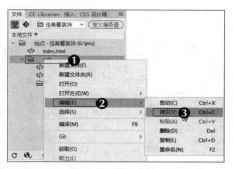

图1-36　拷贝文件夹

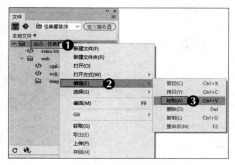

图1-37　粘贴文件夹

（6）在粘贴得到的文件夹上单击鼠标右键，在弹出的快捷菜单中选择"编辑""重命名"命令，输入新的名称"admin"，按"Enter"键打开"更新文件"对话框，单击 更新(U) 按钮，如图1-38所示。

（7）将"admin"文件夹中的两个网页文件的名称修改为"index.html"和"hylb.html"。然后在"站点-佳美馨装饰"文件夹下新建"CSS""data""javascript"3个文件夹，如图1-39所示。

图1-39　复制的文件夹

图1-38　更新文件链接

（8）选择"站点""管理站点"命令，在打开的"管理站点"对话框中选择"佳美馨装饰"站点，单击"导出当前选定的站点"按钮 ，如图1-40所示。

（9）在打开的"导出站点"对话框中设置导出站点的保存位置，单击 保存(S) 按钮完成导出站点操作，如图1-41所示。

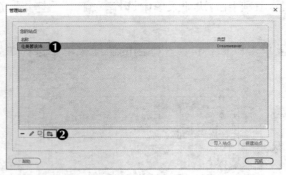
图1-40　导出站点

图1-41　设置导出站点的保存位置

知识补充　　　　　　　　　**导出和导入站点**

　　如果想在其他计算机上使用某个站点，可以将该站点信息导出为.ste格式的XML（Extensible Markup Language，可扩展标记语言）文件，然后在另一台计算机中将其导入Dreamweaver。需要注意的是，导出和导入功能不能导出和导入站点文件，只能导出和导入站点的设置信息，文件和文件夹只能手动复制到站点目录下。

实训一　规划"中国皮影"网站的结构

【实训要求】

　　本实训需要规划"中国皮影"网站的结构。该网站主要用于宣传中国非物质文化遗产——皮影戏，包括皮影的起源、发展与文化内涵，皮影的造型、制作与表演，皮影的地方特色等内容。要求该网站结构、版块分明，布局合理。

【实训思路】

　　根据本实训的要求，先搜集相关图片和文本等资料，然后制作网页结构图交给客户确认。本实训的网站首页结构如图1-42所示。

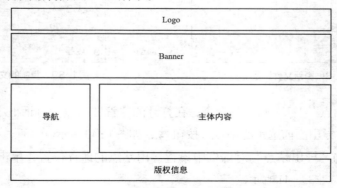

图1-42　"中国皮影"网站首页结构

【步骤提示】

（1）根据客户提出的要求创建并修改站点基本结构。

（2）搜集相关的图片、文本等资料，设计、制作网页结构图并将其发送给客户确认。

实训二 创建"中国皮影"站点

微课视频

创建"中国皮影"
站点

【实训要求】

创建"中国皮影"站点并在站点中创建"index.html"文件和"web""image"文件夹，通过练习掌握在Dreamweaver中创建站点、新建网页、创建文件夹等操作。

【实训思路】

在规划站点时，先确定该站点需要包含的内容，然后细分每个版块的内容。在Dreamweaver中新建站点，然后确定本地文件的保存位置，最后用"文件"面板规划网站的内容和表现形式。本实训的站点参考效果如图1-43所示。

【步骤提示】

（1）选择"站点""新建站点"命令，并参考前文操作新建"中国皮影"站点。

（2）在"文件"面板的"中国皮影"站点中新建"index.html"文件和"web""image"文件夹。

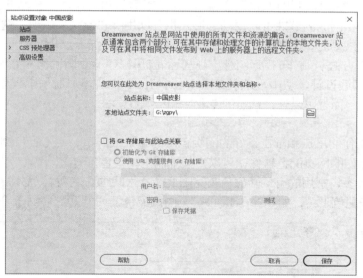

图1-43 "中国皮影"站点参考效果

课后练习

本项目主要介绍了网站和网页的基本概念、网页设计常用术语、网页构成元素、HTML、常用网页制作软件——Dreamweaver、网站开发流程、网页设计内容和原则、站点规划、创建本地站点、管理站点、管理站点文件和文件夹等知识。本项目内容是网页设计制作的基础，设计者应认真理解和掌握，为后面制作网页打下基础。

练习1：规划个人网站

本练习需要规划个人网站，该网站主要用于展示用户的摄影作品、个人信息和最新动态，并且分享一些摄影作品的拍摄技巧。要求制作的网页能体现该网站的主要功能，页面设计要符合网站特色。规划时先搜集相关的文本和图片等资料，然后绘制网页结构图。

操作要求如下。

● 根据客户需要规划并修改网站站点基本结构。

● 搜集相关的文本、图片资料并绘制网页结构图。

练习2：创建"购鞋网"站点

本练习要求创建"购鞋网"站点，重点练习创建站点、在站点中新建文件和文件夹的操作。

操作要求如下。

● 选择"站点""新建站点"命令，并参考前文操作新建"购鞋网"站点。

● 在"文件"面板的"购鞋网"站点中新建"index.html"文件和"web""image"文件夹。

技巧提升

1. 如何才能规划出好的商业站点

要规划出好的商业站点，需要明确建站目的并确认实现方式。其中明确建站目的很重要，它决定了整个站点建设的主导思想和页面设计的内容及版面风格。其次是确认实现方式，该环节比较灵活，例如相同的内容既可以用动态形式也可以用静态形式来表现，这需要根据客户的要求决定。在做规划时，应该主动向客户说明规划的大致内容，如域名、主机空间及给予的权限、网上推广方式、制作的网页数量、提供的应用程序等。明确客户意图后，再参考国内外一些优秀的网站设计，从中汲取精华和灵感，并结合当前项目的需要进行规划，这样不仅可以提高效率，而且可以保证站点的专业性和准确性。

2. 使用网页配色软件

网页色彩搭配是网页制作的重点和难点，好的网页色彩看起来很舒适，便于吸引浏览者经常访问网页。使用一些专门的网页配色软件，可以方便地制定网页色彩方案。

用于网页配色的软件较多，常用的有玩转颜色（见图1-44）和网页配色等。另外，在互联网中也可以找到很多在线配色工具，如ColorScheme、千图网配色工具（见图1-45）等。

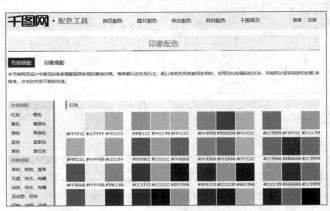

图1-44　配色软件　　　　　　　　　　图1-45　千图网配色工具

3. 网页元素制作软件

制作网页元素的软件非常多，如用于制作网页特效的网页特效王，用于制作3D文本动画的Cool 3D，用于制作网页按钮的Crystal Button，用于编写网页代码的HomeSite，用于转换网页音频、视频格式的格式工厂，以及用于查看含有Java Applet的网页的Java虚拟机等。图1-46所示为Crystal Button的操作界面。

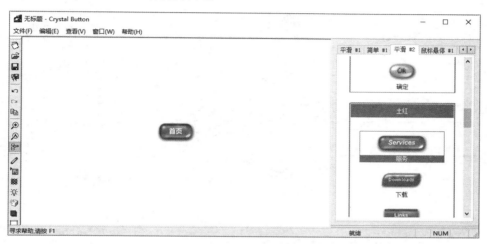

图1-46　Crystal Button的操作界面

4. 网站推广

宣传及推广网站有助于提高网站的访问量。网站推广的方式主要有以下5种。

- **优化网站，提高搜索引擎自然排名**：为网站设置品牌或行业关键词，对网站代码、内容、链接等进行优化，可以提高网站在搜索引擎中的自然排名，使网站在搜索结果中优先展示。
- **搜索引擎广告**：如果资金充足，可以考虑投放搜索引擎广告，根据网站对应品牌、行业设置相应的关键字，使自己的网站展示在相应关键字搜索结果的首页。
- **信息流广告**：在流量较大的平台发布网站广告，如爱奇艺、腾讯视频、火山小视频、抖音、快手等平台。
- **在第三方平台发布网站信息**：在各种第三方平台（如B2B平台、B2C平台、论坛、博客、微博、网络社区、分类信息平台等）发布网站信息，使网站获得一定的流量和知名度。
- **信息群发**：通过电子邮件程序、QQ、微信等发送网站信息。

5. 站点文件夹和文件命名方法

站点中的文件夹和文件的命名最好采用以下4种方法，以便管理和查找。

- **使用汉语拼音**：根据每个网页的标题或主要内容提取关键字，将关键字的拼音作为文件名，如"学校简介"网页文件名为"jianjie.html"。
- **使用拼音缩写**：根据每个网页的标题或主要内容，提取每个关键字的拼音首字母作为文件名，如"学校简介"网页文件名为"xxjj.html"。
- **使用英文缩写**：通常适用于专用名词，如"搜索引擎营销"网页文件名为"sem.html"。

- **使用英文原意**：直接翻译中文名称，这种方法比较准确，如"产品"网页文件名为
  "product.html"。

以上4种命名方法也可结合数字和符号使用。但要注意，文件夹和文件的名字开头不能使用数字和符号，并且最好不要使用中文命名文件夹和文件。

项目二
添加文本与表格

02

情景导入

在米拉完成网站的整体规划后，老洪发现她的工作态度很认真、学习能力也很强并善于和同事沟通交流，认为她已经可以完成一些简单的任务，于是让她先完成一些纯文本的网页设计。

老洪将客户提供的文本内容发送给米拉，让她试着将这些文本添加到网页中，并设置文本的格式，再在网页中插入表格，使用表格对网页进行布局，从而制作出完整的网页。

学习目标

- 能够在网页中输入文本并设置文本格式
- 能够在网页中插入列表、特殊字符、日期、水平线等内容
- 能够在网页中插入表格并在单元格中输入内容

- 掌握设置表格属性和单元格属性的操作方法
- 掌握合并和拆分单元格的操作方法

素养目标

- 培养对网页文本素材的搜集与处理能力
- 提高在网页美化与布局方面的艺术修养

任务一　制作"佳美馨装饰简介"网页

老洪让米拉利用客户提供的文本素材制作"佳美馨装饰简介"网页，这是米拉的第一个正式任务。本任务的参考效果如图2-1所示。

素材所在位置　素材文件\项目二\任务一\简介.docx
效果所在位置　效果文件\项目二\任务一\wzjj.html

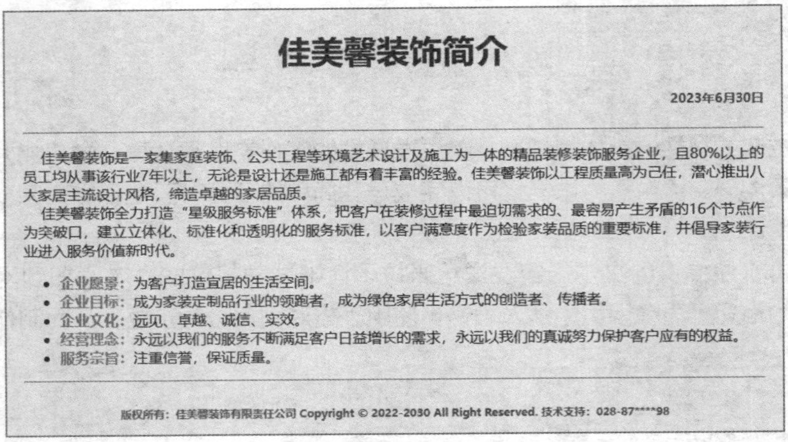

佳美馨装饰简介

2023年6月30日

佳美馨装饰是一家集家庭装饰、公共工程等环境艺术设计及施工为一体的精品装修装饰服务企业，且80%以上的员工均从事该行业7年以上，无论是设计还是施工都有着丰富的经验。佳美馨装饰以工程质量高为己任，潜心推出八大家居主流设计风格，缔造卓越的家居品质。

佳美馨装饰全力打造"星级服务标准"体系，把客户在装修过程中最迫切需求的、最容易产生矛盾的16个节点作为突破口，建立立体化、标准化和透明化的服务标准，以客户满意度作为检验家装品质的重要标准，并倡导家装行业进入服务价值新时代。

- 企业愿景：为客户打造宜居的生活空间。
- 企业目标：成为家装定制品行业的领跑者，成为绿色家居生活方式的创造者、传播者。
- 企业文化：远见、卓越、诚信、实效。
- 经营理念：永远以我们的服务不断满足客户日益增长的需求，永远以我们的真诚努力保护客户应有的权益。
- 服务宗旨：注重信誉，保证质量。

版权所有：佳美馨装饰有限责任公司 Copyright © 2022-2030 All Right Reserved. 技术支持：028-87****98

图2-1　"佳美馨装饰简介"网页

一、任务描述

（一）任务背景

简介类的页面在网页中十分常见，通常由纯文本组成，有时也会添加相关的图片。本任务是制作"佳美馨装饰简介"网页。要完成此任务，需要先新建网页，然后设置页面属性，再在其中输入并编辑文本，最后添加其他的网页元素。

（二）任务目标

（1）掌握新建、保存与打开网页文件的方法。

（2）能够设置网页的属性、关键字和描述。

（3）掌握输入文本以及设置文本格式的方法。

（4）掌握插入列表、特殊字符、日期、水平线等的方法。

二、相关知识

使用Dreamweaver制作网站简介类的页面所涉及的知识点主要有新建、保存与打开网页文件，设置网页属性，设置网页关键字和描述，输入文本，设置文本格式等内容。

（一）新建、保存与打开网页文件

创建站点后就可以开始制作网页了，这时需要先掌握网页文件的新建、保存与打开的方法。

1. 新建网页文件

新建网页文件主要有新建空白网页文件和从模板新建网页文件两种方式。

- **新建空白网页文件**：选择"文件""新建"命令，打开"新建文档"对话框，在

"文档类型"栏中选择"HTML"选项，在"框架"栏中选择"无"选项卡，在"文档类型"下拉列表框中选择"HTML5"选项，然后单击 创建(R) 按钮即可新建空白网页文件，如图2-2所示。

图2-2　新建空白网页文件

● **从模板新建网页文件**：选择"文件""新建"命令，打开"新建文档"对话框，选择"启动器模板"选项卡，在"示例文件夹"栏中选择一种模板类型，在"示例页"栏中选择一种模板，然后单击 创建(R) 按钮即可从该模板新建网页文件，如图2-3所示。

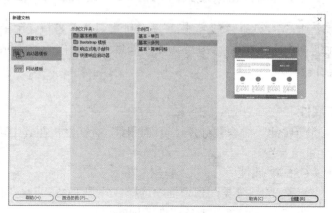

图2-3　从模板新建网页文件

> 知识补充　**新建其他类型的文件**
>
> 　　在制作网页时，除了需要HTML文件外，通常还需要各种其他类型的文件，如CSS文件、JavaScript文件、JSON文件等，也可以通过"新建文档"对话框来创建，只需在"文档类型"栏中选择相应的文件类型。

2. 保存网页文件

对于尚未保存的网页文件，选择"文件""保存"命令或"文件""另存为"命令，都将打开"另存为"对话框，在其中可以设置文件的名称和保存位置，再单击 保存(S) 按钮即可保存。

对于已经保存过的网页文件，选择"文件""保存"命令将直接进行保存，选择"文件""另存为"命令，将打开"另存为"对话框，在其中可以重新设置文件的名称和保存位置。

选择"文件""保存全部"命令，将保存所有打开的文件，如果其中有之前未保存过的文件，将打开"另存为"对话框。

3. 打开网页文件

选择"文件""打开"命令，打开"打开"对话框，在其中选择要打开的网页文件，然后单击 打开(O) 按钮可打开该网页文件。

选择"文件""打开最近的文件"命令，在弹出的子菜单中将显示最近打开过的网页文件，选择相应的命令即可打开对应的网页文件，如图2-4所示。

图2-4　打开最近的网页文件

> **知识补充**
>
> ### 启动Dreamweaver时自动打开上次编辑的文件
>
> 选择"文件""打开最近的文件""启动时重新打开文档"命令，使其呈选中状态，这样在退出Dreamweaver时若网页文件未关闭，在下次启动Dreamweaver时该网页文件将被自动打开。

（二）设置网页属性

选择"文件""页面属性"命令，打开"页面属性"对话框，在其中可以对网页的外观、链接、标题等的属性进行设置。

1. 设置"外观（CSS）"属性

在"页面属性"对话框的"分类"列表框中选择"外观（CSS）"选项，可通过CSS样式来设置网页的外观，如图2-5所示。其中各属性选项的含义如下。

- **"页面字体"下拉列表框**：用于设置文本的字体、样式和粗细。
- **"大小"下拉列表框**：用于设置文本的字号和字号的单位。
- **"文本颜色"文本框**：用于设置文本的颜色。
- **"背景颜色"文本框**：用于设置网页的背景颜色。
- **"背景图像"文本框**：用于设置网页的背景图像，单击 浏览(W)... 按钮，在打开的"选择图像源文件"对话框中选择需要设置为网页背景的图像。
- **"重复"下拉列表框**：用于设置背景图像的重复方式，其中"no-repeat"表示不重复；"repeat"表示在x轴上和y轴上都重复；"repeat-x"表示在x轴上重复；"repeat-y"表示在y轴上重复。
- **"左边距""右边距""上边距""下边距"文本框**：用于设置网页内容与浏览器左、右、上、下边界的距离。

图2-5 "外观（CSS）"属性

2. 设置"外观（HTML）"属性

在"分类"列表框中选择"外观（HTML）"选项，可通过\<body\>标签的属性来设置网页的外观，如图2-6所示。其中各属性选项的含义如下。

- **"背景图像"文本框**：用于设置网页的背景图像。
- **"背景"文本框**：用于设置网页的背景颜色。
- **"文本"文本框**：用于设置文本的颜色。
- **"已访问链接"文本框**：用于设置已访问超链接的颜色。
- **"链接"文本框**：用于设置文本超链接的颜色。
- **"活动链接"文本框**：用于设置在超链接上单击时超链接的颜色。
- **"左边距""上边距"文本框**：用于设置网页内容与浏览器左、上边界的距离。
- **"边距宽度"文本框**：用于设置网页内容左、右内边距的大小。
- **"边距高度"文本框**：用于设置网页内容上、下内边距的大小。

图2-6 "外观（HTML）"属性

3. 设置"链接（CSS）"属性

在"分类"列表框中选择"链接（CSS）"选项，可通过CSS样式来设置网页的超链接属性，如图2-7所示。其中各属性选项的含义如下。

- **"链接字体"下拉列表框**：用于设置超链接的字体、样式和粗细。
- **"大小"下拉列表框**：用于设置超链接的字号和字号的单位。
- **"链接颜色"文本框**：用于设置超链接的颜色。
- **"变换图像链接"文本框**：用于设置鼠标指针放在超链接上时超链接的颜色。
- **"已访问链接"文本框**：用于设置已访问超链接的颜色。
- **"活动链接"文本框**：用于设置在超链接上单击时超链接的颜色。
- **"下划线样式"下拉列表框**：用于设置超链接是否显示下划线。

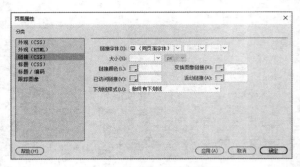

图2-7 "链接（CSS）"属性

4. 设置"标题（CSS）"属性

在"分类"列表框中选择"标题（CSS）"选项，可设置1～6级标题文本的字体、样式、字号及颜色，如图2-8所示，其中各属性选项的含义如下。

- **"标题字体"下拉列表框**：用于设置网页中各级标题的字体、样式和粗细。
- **"标题1"～"标题6"**：用于设置网页中各级标题的字体、字号和颜色等。

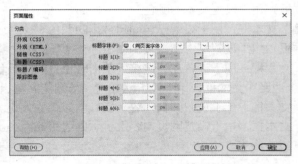

图2-8 "标题（CSS）"属性

5. 设置"标题/编码"属性

在"分类"列表框中选择"标题/编码"选项，可设置页面的标题和编码等，如图2-9所示。其中各属性选项的含义如下。

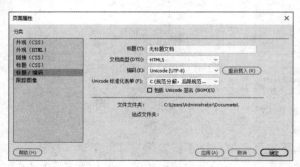

图2-9 "标题/编码"属性

- **"标题"文本框**：用于设置页面的标题。
- **"文档类型"下拉列表框**：用于选择文档的类型，默认为"HTML5"。
- **"编码"下拉列表框**：用于选择文档的编码语言，默认为"Unicode(UTF-8)"，修改编码后可单击 重新载入(R) 按钮，转换现有文档或使用选择的新编码重新打开网页。

- **"Unicode标准化表单"下拉列表框**：选择编码类型为"Unicode(UTF-8)"时，该下拉列表框为可用状态，用于设置Unicode标准化表单类型。
- **"包括Unicode签名（BOM）"复选框**：选中该复选框，将在文档中包含一个字节顺序标记——BOM（Brower Object Model，浏览器对象模型），该标记位于文档开头的2～4字节，可将文档识别为Unicode格式。

6. 设置"跟踪图像"属性

在"分类"列表框中选择"跟踪图像"选项，单击 浏览(0)... 按钮可以选择一张图片作为跟踪图像。跟踪图像将作为背景显示在网页编辑区域中，在制作网页时可以进行参考，跟踪图像在发布后的网页中不会显示。拖曳"透明度"滑块可以调整跟踪图像的透明程度，如图2-10所示。

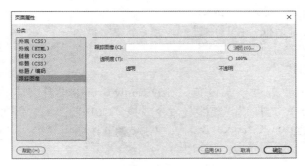

图2-10 "跟踪图像"属性

（三）设置网页关键字和描述

网页关键字和描述非常重要，它们会影响网页在搜索引擎中的排名。

1. 设置网页关键字

网页关键字是根据网页内容提炼出来的一些词语或短语，搜索引擎在收集网页时会读取网页的关键字信息。设置网页关键字的方法为：选择"插入""HTML""Keywords"命令，打开"Keywords"对话框，在"关键字"文本框中输入关键字，多个关键字之间使用英文逗号隔开，再单击 确定 按钮，如图2-11所示。

2. 设置网页描述

网页描述是一段介绍网页内容的文本，它也会被搜索引擎读取。设置网页描述的方法为：选择"插入""HTML""说明"命令，打开"说明"对话框，在"说明"文本框中输入相关内容，再单击 确定 按钮，如图2-12所示。

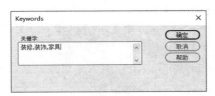

图2-11 设置网页关键字

图2-12 设置网页描述

（四）输入文本

文本是网页中较常见的元素。在Dreamweaver中输入文本的方法有很多，可以直接输入或复制文本等。

1. 直接输入文本

只需在需要输入文本的位置单击以定位插入点，再切换到需要的输入法即可直接输入文本。

2. 复制文本

复制文本是编辑网页时常用的输入文本的方法，只要软件或文件允许复制，就可以在其中选择要复制的文本，按"Ctrl+C"组合键复制，然后返回到Dreamweaver，按"Ctrl+V"组合键粘贴，快速完成文本的输入。

从Word、Excel等软件中复制的内容通过选择性粘贴可以保留部分格式或全部格式。方法为：先切换到"设计"视图，选择"编辑""选择性粘贴"命令，打开"选择性粘贴"对话框，在其中进行设置，即可保留相应的格式，如图2-13所示。

图2-13 "选择性粘贴"对话框

（五）设置文本格式

输入的文本还需要进行格式设置，在Dreamweaver中设置文本格式主要是通过"属性"面板完成的。选择"窗口""属性"命令或按"Ctrl+F3"组合键可打开"属性"面板。"属性"面板分为"HTML""CSS"两种，单击 <> HTML 按钮可切换到"HTML"面板，单击 CSS 按钮可切换到"CSS"面板，如图2-14所示。

图2-14 "属性"面板

其中与文本格式有关的选项介绍如下。

- **"格式"下拉列表框**：用于设置文本的格式，主要有"段落"和"标题1"～"标题6"等选项。选择"段落"选项，会为文本添加<p>标签；选择"标题1"～"标题6"选项，会为文本添加<h1>～<h6>标签。
- **"类"下拉列表框**：为选择的文本应用CSS类。通过修改CSS类的设置，可以同时修改所有应用该CSS类的文本的格式。
- **"粗体"按钮B**：单击该按钮会为文本添加<strong>标签，使文本加粗显示。
- **"斜体"按钮I**：单击该按钮会为文本添加<em>标签，使文本倾斜显示。
- **"字体"下拉列表框**：用于设置文本的字体、样式和粗细。
- **对齐方式按钮组**：用于设置文本的对齐方式，分别为左对齐、居中对齐、右对齐和两端对齐。
- **"大小"下拉列表框**：用于设置文本的字号，如果设置为具体数值，其后的下拉列表框将被激活，可设置数值的单位。
- **"文本颜色"按钮**：单击该按钮，在打开的面板中可以设置文本的颜色，也可以在其后的文本框中直接输入颜色的数值。

（六）插入列表

列表是指具有并列关系或先后顺序的若干段落。在Dreamweaver中可以插入多种类型的列表，其中较为常用的有无序列表和有序列表两种。

- **无序列表**：无序列表也称项目列表，各列表项之间没有明显的先后顺序。无序列表前一般用圆点、圆形等特殊符号作为项目符号。可以在"插入"面板中单击 ul 无序列表按钮或在"属性"面板中单击"无序列表"按钮 插入无序列表，再输入列表内容。

- **有序列表**：有序列表也称编号列表，各列表项之间有明显的先后顺序。有序列表前有由阿拉伯数字、英文字母或罗马数字等所构成的编号。可以在"插入"面板中单击 ol 有序列表按钮或在"属性"面板中单击"有序列表"按钮 插入有序列表，再输入列表内容。

> **知识补充**
>
> **修改列表属性**
>
> 选择"编辑""列表""属性"命令，打开"列表属性"对话框，在其中可以修改无序列表的项目符号，或有序列表的编号类型和起始值等属性。

（七）插入特殊字符

有时在网页中需要插入一些特殊符号，如英镑符号、注册商标符号、版权符号等。此时可在"插入"面板中单击 字符按钮，在打开的下拉列表中选择插入一些常用的特殊字符，如图2-15所示。如果要插入其他字符，可以选择"其他字符"选项，在打开的"插入其他字符"对话框中选择更多特殊字符，如图2-16所示。

（八）插入日期

在Dreamweaver中可直接插入日期，方法为：在"插入"面板中单击 日期按钮，打开"插入日期"对话框，在其中可以设置"星期格式"、"日期格式"和"时间格式"，如图2-17所示。如果选中"储存时自动更新"复选框，则在保存网页文件时，将自动更新日期。

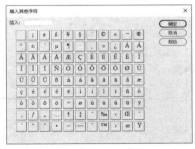

图2-15　插入特殊字符　　图2-16　"插入其他字符"对话框　　图2-17　"插入日期"对话框

（九）插入水平线

在网页中，水平线是非常有用的元素。在组织信息时，可以使用一条或多条水平线分隔文本和对象，使段落区分更加明显，让网页更有层次感。插入水平线的方法为：将鼠标指针定位到插入点，在"插入"面板中单击 水平线按钮。

三、任务实施

（一）新建网页并设置网页属性

下面新建"佳美馨装饰简介"网页并设置网页属性，具体操作如下。

（1）选择"文件""新建"命令，打开"新建文档"对话框，设置"标题"为"网站简介"，"文档类型"为"HTML5"，单击 创建(R) 按钮新建文档，如图2-18所示。

微课视频

新建网页并设置
网页属性

（2）选择"文件""页面属性"命令，打开"页面属性"对话框，在"分类"列表框中选择"外观（CSS）"选项，在右侧选项卡的"页面字体"下拉列表框中选择"管理字体"选项，如图2-19所示。

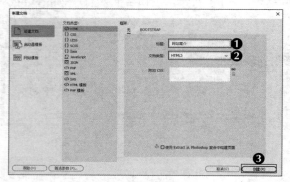

图2-18　新建文档

图2-19　管理字体

（3）在打开的"管理字体"对话框的"自定义字体堆栈"选项卡中单击➕按钮，在"字体列表"列表框中新增一个选项，然后在"可用字体"列表框中选择"微软雅黑"，单击 << 按钮将选择的字体添加到"选择的字体"列表框中，如图2-20所示，然后单击 完成 按钮返回"页面属性"对话框。

（4）继续设置"页面字体""大小""文本颜色""背景颜色"分别为"微软雅黑""16px""#404040""#F2F2F2"，页边距均为"20px"，如图2-21所示。

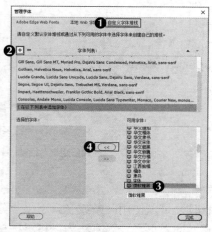

图2-20　设置字体

图2-21　设置外观属性

（5）在"分类"列表框中选择"标题（CSS）"选项，分别设置"标题1"～"标题6"的字号和颜色，如图2-22所示，然后单击 确定 按钮关闭对话框。

（6）选择"文件""保存"命令，在打开的"另存为"对话框中选择保存的位置，在"文件名"文本框中输入文件名"wzjj"，单击 保存(S) 按钮保存文档，如图2-23所示。

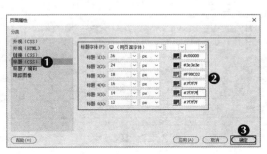

图2-22　设置标题属性　　　　　　　　　　图2-23　保存文档

> **知识补充**
>
> ### 添加字体
>
> 在Dreamweaver中，凡是可以设置字体的下拉列表框中的选项默认都是英文字体。在"管理字体"对话框中的"字体列表"列表框中添加需要使用的中文字体后，在这些下拉列表框中就可以增加对应的中文字体选项。

（二）输入文本并设置格式

下面在网页中输入文本并设置格式，具体操作如下。

（1）在"设计"视图中将插入点定位到文档开头，选择合适的输入法输入"佳美馨装饰简介"文本，然后按"Enter"键分段。

（2）打开"简介.docx"文件，选择全部文本后按"Ctrl+C"组合键复制文本，然后返回到Dreamweaver中选择"编辑""选择性粘贴"命令，在打开的"选择性粘贴"对话框中选中"仅文本"单选按钮，如图2-24所示。

（3）单击 确定(O) 按钮将文本粘贴到网页文档中，插入文档中的文本如图2-25所示。

> 微课视频
>
>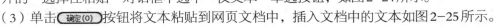
>
> 输入文本并设置格式

图2-24　选择性粘贴　　　　　　　　　　图2-25　插入文档中的文本

（4）在"佳美馨装饰全力打造"文本左侧处单击，按"Shift+Enter"组合键换行，如

图2-26所示。

（5）在"企业愿景"文本左侧处单击，按"Enter"键分段，使用相同的方法在"企业目标""企业文化""经营理念""服务宗旨""企业精神""版权所有"文本左侧分段，如图2-27所示。

图2-26　文本换行　　　　　　　　　　　　　　　图2-27　文本分段

知识补充	换行与分段

　　　　在网页中，换行是将文本换行显示，换行后的文本与上一行的文本同属于一个段落；分段同样将文本换行显示，但换行后的文本属于另一段落。默认格式下，各段落之间会有较大的段间距。

（6）将插入点定位到第2段的段首，按6次"Ctrl+Shift+Space"组合键插入空格，如图2-28所示。

（7）在文档工具栏中单击 拆分 按钮显示出"代码"视图，在"代码"视图中选择段首的"   "代码，按"Ctrl+C"组合键复制代码，然后在第3段的段首按"Ctrl+V"组合键粘贴代码，如图2-29所示。

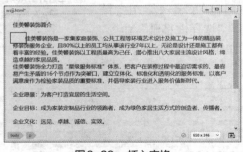

图2-28　插入空格　　　　　　　　　　　　　　　图2-29　粘贴空格

（8）将插入点定位到标题文本"佳美馨装饰简介"中，在"属性"面板中的"格式"下拉列表框中选择"标题1"选项，单击"居中对齐"按钮，使标题居中对齐，如图2-30所示。

（9）选择倒数第2个～倒数第7个段落，在"插入"面板中单击 ul 无序列表 按钮，将选择的段落转换为无序列表，如图2-31所示。

图2-30　设置标题格式

图2-31　设置无序列表

（10）选择"企业愿景："文本，在"属性"面板中设置文本的"粗细""文本颜色"分别为"900""#E78B05"，其他设置保持默认不变，如图2-32所示。

（11）使用相同的方法设置"企业目标：""企业文化：""经营理念：""服务宗旨：""企业精神："文本的格式，如图2-33所示。

图2-32　设置文本格式

图2-33　设置其他栏目格式

（三）插入特殊字符、日期和水平线

下面在网页中插入特殊字符、日期和水平线，具体操作如下。

（1）在"代码"视图中将插入点定位到标题文本后，选择"插入""HTML""水平线"命令，在标题文本下插入一条水平线，效果如图2-34所示。

微课视频

插入特殊字符、
日期和水平线

（2）将插入点定位到"<hr>"文本前，选择"插入""HTML""日期"命令，打开"插入日期"对话框，设置"日期格式"为"1974年3月7日"，如图2-35所示，单击 确定 按钮，插入日期。

图2-34　插入水平线

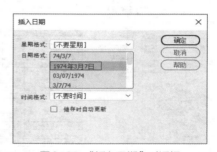

图2-35　"插入日期"对话框

（3）在"属性"面板的"格式"下拉列表框中选择"标题5"选项，单击"右对齐"按钮，如图2-36所示。

（4）在最后一行文本后插入一个水平线。在"代码"视图中将插入点定位到"Copyright"文本后，选择"插入""HTML""字符""版权"命令，在"Copyright"文本后插入版权符号"©"，效果如图2-37所示。

（5）在"属性"面板的"格式"下拉列表框中选择"标题6"选项，单击"居中对齐"按钮，如图2-38所示。

图2-36 设置日期格式

图2-37 插入版权符号

图2-38 设置段落格式

（6）选择"文件""保存"命令保存网页，完成本任务。

任务二 制作"佳美馨装饰——会员列表"网页

制作完"佳美馨装饰简介"网页后，老洪让米拉继续制作"佳美馨装饰——会员列表"网页，在制作该网页时会用到表格。本任务的参考效果如图2-39所示。

素材所在位置 素材文件\项目二\任务二\会员.txt
效果所在位置 效果文件\项目二\任务二\hylb.html

图2-39 "佳美馨装饰——会员列表"网页

一、任务描述

（一）任务背景

在网页设计中，不仅可以使用一般形式的表格，还可以使用无边框的表格来布局网页。在制作"佳美馨装饰——会员列表"网页时，首先使用表格对网页进行布局，并通过不同的背景颜色区分出网页头部、主体部分和尾部。其中主体部分又被分为左、右两个区域，在右侧区域中插入一个普通表格，为表头行（第1行单元格）设置醒目的背景颜色，并加粗、加大文本，使其能够突出显示。

（二）任务目标

（1）能够制作表格并在单元格中输入内容。

（2）掌握选择表格和单元格的各种方法。

（3）掌握设置表格属性和单元格属性的各种方法。

（4）掌握合并和拆分单元格的各种方法。

（5）掌握添加和删除行或列的各种方法。

 职业素养　表格是组织、整理数据的一种手段，主要作用是对数据进行展示、对比和归纳。在制作表格时应遵循以下两个原则。

- **易读**：表格应该是一目了然、层级分明的，应让用户的注意力集中在表格的内容上而不是表格的形式上。

- **高效**：表格应该是可交互的，能够让用户以习惯的方式来快速对数据进行各种操作。

二、相关知识

Dreamweaver拥有强大的表格功能，用户可以快速、方便地创建表格，通常可以使用对话框或HTML代码来插入表格，然后按照添加文本和图片的方式添加内容。

（一）插入表格

在Dreamweaver中插入表格的方法为：将插入点定位到要插入表格的位置，选择"插入""Table"命令，或在"插入"面板中单击 田 Table 按钮，打开"Table"对话框，在其中设置相应的参数后，单击 确定 按钮，如图2-40所示。

"Table"对话框中相关选项的含义如下。

- **"行数""列"文本框**：用于设置表格的行数和列数。

- **"表格宽度"文本框**：用于设置表格宽度，常用单位为像素和百分比。

- **"边框粗细"文本框**：用于设置表格边框的宽度，设置为0时不显示边框，常用单位为像素。

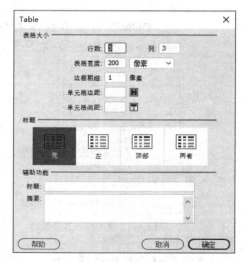

图2-40　插入表格

- "**单元格边距**"**文本框**：用于设置单元格中的内容与单元格边框的间距，默认为1像素，设置为0时不显示单元格边距。
- "**单元格间距**"**文本框**：用于设置单元格与单元格的间距，默认为2像素，设置为0时不显示单元格间距。
- "**标题**"**栏**：用于指定表格的表头行或表头列，其中的文本默认加粗、居中显示。
- "**辅助功能**"**栏**：包括"标题"和"摘要"两项，其中"标题"用于设置表格的标题，"摘要"用于设置表格的相关说明。

> **知识补充**　　　　　　　　　　　**表格的嵌套**
>
> 　　表格的嵌套是指在单元格中再插入表格，操作方法与在空白插入点处插入表格的方法相同。

（二）选择表格

对表格进行操作前，必须选择要操作的表格或单元格。选择表格时，可以一次选择整个表格、行或列，也可以选择一个或多个单独的单元格。

1. 选择整个表格

在Dreamweaver中选择整个表格的方法主要有以下7种。

- **使用快捷菜单选择表格**：在"设计"视图中，将鼠标指针移动到要选择的表格上，单击鼠标右键，在弹出的快捷菜单中选择"表格""选择表格"命令。
- **直接选择表格**：在"设计"视图中，将鼠标指针移动到要选择的表格中，当鼠标指针变为 ⊞、⊪ 或 ⊣ 形状后，直接单击即可。
- **使用菜单选择表格**：将插入点定位到单元格中，选择"编辑""表格""选择表格"命令。
- **使用按钮选择表格**：在"设计"视图中，将插入点定位到单元格中，单击表格下方的"表格宽度"按钮 200▾，在打开的下拉列表中选择"选择表格"选项，如图2-41所示。
- **在"DOM"面板中选择表格**：在"DOM"面板中直接选择要选择的表格的<table>标签，如图2-42所示。

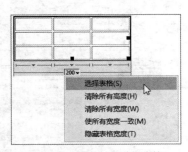

图2-41　使用按钮选择表格

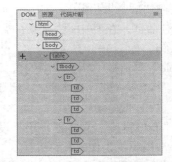

图2-42　在"DOM"面板中选择表格

- **在状态栏中选择表格**：将插入点定位到要选择的表格中，然后在状态栏中选择

<table>标签，如图2-43所示。

● **在"代码"视图中选择表格**：在"代码"视图中将插入点定位到要选择表格的<table>标签中，如图2-44所示。

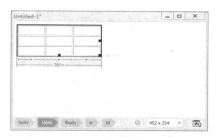

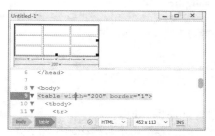

图2-43　在状态栏中选择表格　　　　　图2-44　在"代码"视图中选择表格

2. 选择行

在Dreamweaver中选择表格的行的方法主要有以下3种。

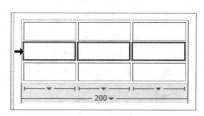

● **通过鼠标选择行**：在"设计"视图中，将鼠标指针移动到要选择的行的左侧，当鼠标指针变为➡形状后，若单击则可选择该行，如图2-45所示；若按住鼠标左键不放，上下拖曳鼠标则可选择多行。

图2-45　通过鼠标选择行

● **在状态栏中选择行**：将插入点定位到要选择的行中，然后在状态栏中直接选择<tr>标签，如图2-46所示。

● **在"代码"视图中选择行**：在"代码"视图中将插入点定位到要选择的行的<tr>标签中，如图2-47所示。

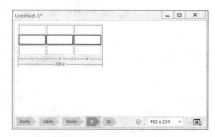

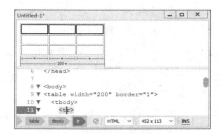

图2-46　在状态栏中选择行　　　　　图2-47　在"代码"视图中选择行

3. 选择列

在Dreamweaver中选择表格的列的方法主要有以下2种。

● **通过鼠标选择列**：在"设计"视图中，将鼠标指针移动到要选择的列的上方，当鼠标指针变为↓形状后，若单击则可选择该列；若按住鼠标左键不放，左右拖曳鼠标则可选择多列，如图2-48所示。

● **通过按钮选择列**：在"设计"视图中，将插入点定位到单元格中，单击要选择的列下方的按钮▼，在打开的下拉列表中选择"选择列"选项，如图2-49所示。

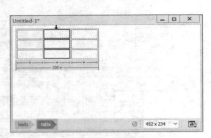

图2-48　通过鼠标选择列　　　　　　　　　　图2-49　通过按钮选择列

4．选择单元格

选择单元格可分为选择单个单元格、选择多个连续的单元格和选择多个不连续的单元格这3种情况。

- **选择单个单元格**：选择单个单元格只需直接将插入点定位到需要选择的单元格。
- **选择多个连续的单元格**：直接按住鼠标右键并拖曳鼠标以在表格中选择连续的多个单元格，或选择一个单元格后，按住"Shift"键不放，单击连续的单元格中最后一个单元格，如图2-50所示。
- **选择多个不连续的单元格**：按住"Ctrl"键的同时，单击需要选择的单元格，如图2-51所示。

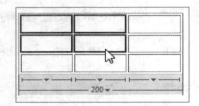

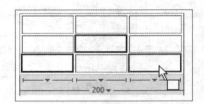

图2-50　选择多个连续的单元格　　　　　　　图2-51　选择多个不连续的单元格

（三）在单元格中输入内容

表格创建完成后，即可在单元格中添加文本、图像、动画等内容，方法为：将插入点定位到需要添加内容的单元格中，然后添加文本或图像等网页元素。

（四）设置表格属性

通过表格"属性"面板可设置表格的属性，方法为：先选择整个表格，然后在"属性"面板中设置相关参数，如图2-52所示。

图2-52　表格"属性"面板

表格"属性"面板部分选项的含义如下。

- **"行"和"列"文本框**：用于设置表格的行数和列数。
- **"宽"文本框**：用于设置表格的宽度，在其后的下拉列表框中可选择宽度的单位，包括像素和百分比两种。
- **"CellPad"文本框**：用于设置单元格边界和单元格内容之间的距离。

- "CellSpace"文本框：用于设置相邻单元格之间的距离。
- "Align"下拉列表框：用于设置表格与同一段中其他网页元素之间的对齐方式。
- "Border"文本框：用于设置边框的粗细。
- "Class"下拉列表框：用于设置表格的CSS样式类。

知识补充　　　　　　　　　　　**设置表格边框颜色**

　　在表格"属性"面板中不能直接设置表格边框的颜色，要设置表格边框的颜色，可以在"代码"视图中，将插入点定位到表格的<table>标签中，然后输入"bordercolor="，此时将显示一个 Color Picker... 按钮，单击该按钮，在打开的"颜色"面板中选择所需的颜色，如图2-53所示。

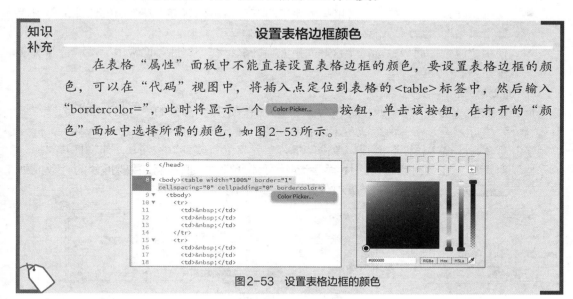

图2-53　设置表格边框的颜色

（五）设置单元格属性

通过单元格"属性"面板可以设置单元格的属性，方法为：先选择要设置属性的单元格，然后在"属性"面板中设置相关参数，如图2-54所示。

图2-54　单元格"属性"面板

单元格"属性"面板的上半部分和文本"属性"面板相同，用于设置单元格中文本的格式，其下半部用于设置单元格的格式，其中部分选项的含义如下。

- "水平"下拉列表框：用于设置单元格中的内容在水平方向上的对齐方式。
- "垂直"下拉列表框：用于设置单元格中的内容在垂直方向上的对齐方式。
- "宽"文本框：用于设置单元格的宽度，其设置方法与设置表格宽度的方法相同。
- "高"文本框：用于设置单元格的高度。
- "不换行"复选框：选中该复选框可防止换行，使单元格中的所有文本都在同一行中。
- "标题"复选框：选中该复选框可将单元格的格式设置为表格标题单元格的格式。默认情况下，表格标题单元格的内容为粗体并且居中显示。
- "背景颜色"文本框：用于设置单元格的背景颜色。

（六）合并和拆分单元格

若选择的单元格是相邻的单元格，则可对单元格进行合并，使其生成一个跨多个列或行的单元格。此外，也可以将一个单元格拆分成任意数目的单元格。

1. 合并单元格

合并单元格的方法有以下 3 种。

- **使用菜单**：选择要合并的单元格区域，选择"编辑""表格""合并单元格"命令即可对选择的单元格区域进行合并。
- **使用快捷菜单**：选择要合并的单元格区域并单击鼠标右键，在弹出的快捷菜单中选择"表格""合并单元格"命令。
- **使用"属性"面板**：选择要合并的单元格区域，在"属性"面板中单击"合并所选单元格"按钮▢。

2. 拆分单元格

拆分单元格可以将一个单元格拆分为多个单元格。选择要拆分的单元格，然后选择"编辑""表格""拆分单元格"命令或单击鼠标右键，在弹出的快捷菜单中选择"表格""拆分单元格"命令，或在"属性"面板中单击"拆分单元格为行或列"按钮▯，都将打开"拆分单元格"对话框。在该对话框中选中"行"或"列"单选按钮，再设置要拆分的行数或列数，单击（确定）按钮，即可拆分单元格，如图2-55所示。

图2-55　拆分单元格

（七）添加和删除行或列

在操作表格的过程中可能需要添加一些行、列，或者删除一些行、列。

1. 添加行或列

添加行或列的方法主要有以下3种。

- **使用菜单**：将插入点定位到相应的单元格中，选择"编辑""表格""插入行"或"插入列"命令可在当前选择的单元格上方或左侧添加一行或一列。
- **使用快捷菜单**：将插入点定位到相应的单元格中，单击鼠标右键，在弹出的快捷菜单中选择"表格""插入行"或"插入列"命令，可实现单行或单列的插入。
- **使用对话框**：将插入点定位到相应的单元格中，选择"编辑""表格""插入行或列"命令，或单击鼠标右键，在弹出的快捷菜单中选择"表格""插入行或列"命令，在打开的"插入行或列"对话框中选中"行"或"列"单选按钮，再设置插入的行数或列数及位置，单击（确定）按钮，如图2-56所示。

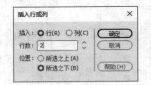

图2-56　"插入行或列"对话框

2. 删除行或列

在表格中不能删除单独的单元格，但可以删除整行或整列，方法有以下2种。

- **使用菜单**：将插入点定位到要删除的行或列所在的单元格，选择"编辑""表格""删除行"或"删除列"命令。
- **使用快捷菜单**：将插入点定位到要删除的行或列所在的单元格，单击鼠标右键，在弹出的快捷菜单中选择"表格""删除行"或"删除列"命令。

三、任务实施

（一）插入表格并设置单元格属性

微课视频

插入表格并
设置单元格属性

下面插入一个3行2列的无边框表格并对网页进行布局，根据需要合并单元格以及设置单元格的格式，具体操作如下。

（1）新建一个HTML5网页文件，并保存为"hylb.html"文件。

（2）选择"插入""Table"命令，打开"Table"对话框，设置"行数"为"3"，"列数"为"2"，"表格宽度"为"100%"，"边框粗细"为"0"，"单元格边距"为"10"，"单元格间距"为"0"，"标题"为"无"，然后单击 确定 按钮插入表格，如图2-57所示。

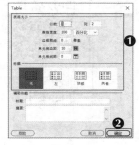

图2-57　插入表格

（3）将插入点定位到第1行第1个单元格中。在"属性"面板中设置"宽"为"170"，"高"为"40"，如图2-58所示。

图2-58　设置单元格的宽度和高度

（4）选择第1行单元格，在"属性"面板中设置"背景颜色"为"#F8EDED"，如图2-59所示。

图2-59　设置第1行单元格的背景颜色

（5）选择第3行单元格，在"属性"面板中单击"合并所选单元格"按钮 ▭，合并单元格，然后设置单元格的背景颜色为"#BBBBBB"，如图2-60所示。

图2-60　合并第3行单元格并设置背景颜色

（二）输入表格内容

在各个单元格中输入相应的内容，并设置格式。

微课视频
输入表格内容

（1）将插入点定位到第1行第1个单元格中，输入"JMX"文本，在"属性"面板中设置"字体""样式""粗细""大小""文本颜色""水平"分别为"Impact, Haettenschweiler, Franklin Gothic Bold, Arial Black, sans-serif""italic""900""36px""#D50E12""居中对齐"，如图2-61所示。

（2）继续输入"佳美馨"文本，在"属性"面板中修改"文本颜色"为"#848484"，如图2-62所示。

图2-61　输入"JMX"文本

图2-62　输入"佳美馨"文本

（3）将插入点定位到第1行第2个单元格中，输入"首页｜成功案例｜公司荣誉｜联系我们"文本，在"属性"面板中设置"水平"为"右对齐"，"垂直"为"底部"，如图2-63所示。

图2-63　输入文本并设置对齐方式

（4）将插入点定位到第2行第1个单元格中，输入"■ 会员列表"文本，在"属性"面板中设置"粗细""文本颜色"分别为"900""#878282"，如图2-64所示。

（5）选择"■"文本，在"属性"面板中修改"文本颜色"为"#C30A0A"，如图2-65所示。

（6）按"Enter"键换行，然后使用相同的方法输入"■ 会员追踪""■ 活动计划""■ 营销记录"文本，如图2-66所示。

（7）将插入点定位到第3行单元格中，输入版权信息，在"属性"面板中设置"水平"为"居中对齐"，设置完成后效果如图2-67所示。

图2-64　输入文本

图2-65　修改文本颜色

图2-66　输入其他文本

图2-67　输入版权信息

（三）导入表格数据并设置表格属性

下面从"会员.txt"文件导入表格数据，然后设置表格首行单元格格式和表格的边框颜色，具体操作如下。

微课视频

导入表格数据并
设置表格属性

（1）将插入点定位到第2行第2个单元格中，选择"文件 > 导入 > 表格式数据"命令，打开"导入表格式数据"对话框，单击 浏览... 按钮，在打开的"打开"对话框中选择"会员.txt"文件。返回"导入表格式数据"对话框，设置"定界符"为"Tab"，"表格宽度"为"100%"，"单元格边距"为"2"，"单元格间距"为"0"，"格式化首行"为"粗体"，"边框"为"1"，最后单击 确定 按钮，导入表格数据，如图2-68所示。

图2-68　导入表格数据

（2）选择首行单元格，在"属性"面板中单击"居中对齐"按钮≡使文本居中对齐，然后设置"文本颜色"为"#FFFFFF"，单元格"背景颜色"为"#F90307"，如图2-69所示。

图2-69　设置首行单元格格式

（3）在"代码"视图中将插入点定位到该表格的<table>标签中，然后输入"bordercolor="#A2080A""设置表格边框颜色，如图2-70所示。

图2-70　设置表格边框颜色

（4）按"Ctrl+S"组合键保存文件，完成本任务。

实训一　制作"中国皮影——皮影戏"网页

【实训要求】

本实训的要求是制作"中国皮影——皮影戏"网页，在其中展示皮影戏的相关介绍，完成后的效果如图2-71所示。

素材所在位置　素材文件\项目二\实训一\bg.png
效果所在位置　效果文件\项目二\实训一\pyx.html

图2-71　"中国皮影——皮影戏"网页效果

【实训思路】

对于纯文本的网页，可以选择一张与网页内容吻合的图片作为网页的背景，图片的颜色不宜过多，图案不要过于繁杂，不然文本就不能清晰且突出地显示。

【步骤提示】

要完成本实训，首先应新建网页并设置网页属性，然后输入文本，最后设置文本的格式。其主要步骤如图2-72所示。

（1）新建网页文件并保存为"pyx.html"。

（2）打开"页面属性"对话框，设置"页面字体"为"微软雅黑"，"文本颜色"为"#B24032"，"背景图像"为"bg.png"，页边距都为"10px"。

（3）在"设计"视图中输入相应的文本。

（4）将"皮影戏"文本的格式设置为"标题1"，并设置为居中对齐。

（5）在"皮影戏"文本下方插入一条水平线，并设置颜色为"#B24032"。

（6）将插入点定位到每段文本前，按7次"Ctrl+Shift+Space"组合键，插入7个空格。

（7）按"Ctrl+S"组合键保存文件，完成本实训。

① 设置网页属性　　　　　　　② 输入文本　　　　　　　③ 设置文本格式

图2-72　制作"中国皮影——皮影戏"网页的主要步骤

实训二　制作"中国皮影——皮影起源传说"网页

【实训要求】

本实训的要求是制作"中国皮影——皮影起源传说"网页，在其中展示皮影的起源传说，完成后的效果如图2-73所示。

素材所在位置　素材文件\项目二\实训二\pyqycs.html

效果所在位置　效果文件\项目二\实训二\pyqycs.html

【实训思路】

本网页的主体部分有4个区域，每个区域都显示一个小故事，可以通过表格来对这部分进行布局。

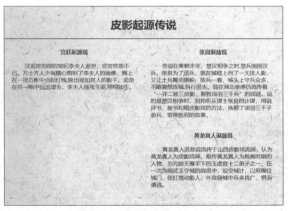

微课视频

制作"中国皮影——皮影起源传说"网页

图2-73　"中国皮影——皮影起源传说"网页效果

【步骤提示】

完成本实训的主要步骤包括插入表格、插入嵌套表格，以及输入表格内容3步，如图2-74所示。

（1）打开"pyqycs.html"文件。

（2）插入一个2行2列、边框粗细为0、单元格边距为10、宽度为100%的表格。

（3）选择所有单元格，设置单元格宽度为50%，垂直对齐方式为顶端对齐。

（4）在每个单元格中再插入一个2行1列、边框粗细为0、单元格边距为10、宽度为100%的表格。

（5）在单元格中输入相应的文本并设置字体格式。

（6）按"Ctrl+S"组合键保存文件，完成本实训。

① 插入表格　　　　　　　② 插入嵌套表格　　　　　　③ 输入表格内容

图2-74　制作"中国皮影——皮影起源传说"网页的主要步骤

课后练习

本项目主要介绍了Dreamweaver的基本操作以及在网页中添加文本与表格的方法。对于本项目的内容，读者应重点掌握网页属性、文本属性和表格属性的设置方法，以便于在日常设计工作中提高工作效率。

练习1：制作"购鞋网——公司简介"网页

本练习要求制作"购鞋网——公司简介"网页，需要先将文本素材复制到网页中，然后通过分段和换行操作控制文本段落，最后设置文本段落的格式，参考效果如图2-75所示。

素材所在位置　素材文件\项目二\课后练习\简介.txt

效果所在位置　效果文件\项目二\课后练习\gsjj.html

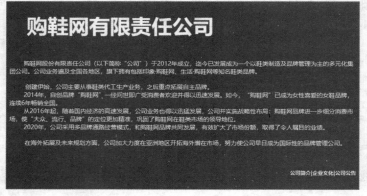

图2-75　"购鞋网——公司简介"网页效果

操作要求如下。

● 　新建网页并保存为"gsjj.html"文件。

- 通过"页面属性"对话框设置网页背景颜色。
- 通过"页面属性"对话框设置标题格式以及正文的格式。
- 打开"简介.txt"文件，并将其中所有的文本复制到网页中。
- 将标题文本设置为"标题1"格式，将正文文本设置为"正文"格式。
- 将最后1行文本设置为"右对齐"格式。

练习2：制作"购鞋网——企业文化"网页

本练习要求制作"购鞋网——企业文化"网页，重点练习插入特殊文本对象、创建列表、设置水平线等，参考效果如图2-76所示。

素材所在位置　素材文件\项目二\课后练习\qywh.html
效果所在位置　效果文件\项目二\课后练习\qywh.html

图2-76　"购鞋网——企业文化"网页效果

操作要求如下。

- 打开"qywh.html"网页文件。
- 在"更新至"文本右侧插入当前计算机的日期、星期和时间。
- 在"购鞋网"文本右侧插入商标符号"TM"。
- 在"Copyright"文本右侧插入版权符号"©"。
- 将"印象·购鞋网""生活·购鞋网""色彩·购鞋网""童真·购鞋网"4段文本设置为列表。
- 在最后一行文本上方插入水平线。

技巧提升

1. 添加滚动字幕

滚动字幕是一种动态的文本效果，可以使网页具有动感。在"代码"视图的<body><body>标签之间通过<marquee>标签可以添加滚动字幕，如<marquee behavior="alternate" scrollamount="10">滚动字幕</marquee>。

<marquee>标签的常用属性如下。

- behavior：设置文本的滚动方式，将属性值设置为"scroll"时将一直滚动；设置为"slide"时将只滚动一次；设置为"alternate"时将两端来回滚动。
- direction：设置文本滚动的方向，将属性值设置为"left"时将向左滚动；设置为"right"时将向右滚动；设置为"up"时将向上滚动；设置为"down"时将向下滚动。
- loop：设置滚动的次数，默认值为−1，即无限次循环。
- scrollamount：设置滚动的速度，默认值为6。

2. 插入更多的特殊字符

Dreamweaver中提供的特殊字符是有限的，如果需要输入的特殊字符不在Dreamweaver提供的范围内，可用中文输入法提供的特殊字符来解决问题。目前任意一款流行的中文输入法都拥有大量的特殊字符，以搜狗拼音输入法为例，单击该输入法状态条上的"工具箱"按钮 ，在打开的"搜狗工具箱"对话框中单击 按钮即可打开"符号大全"对话框，在其中选择需要插入的特殊字符的类型后，单击对应的特殊字符按钮插入特殊字符，如图2-77所示。

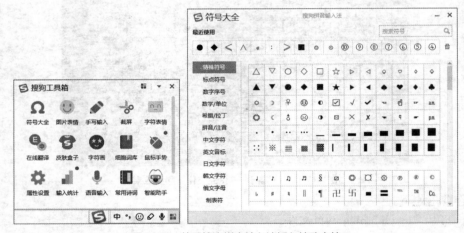

图2-77　使用搜狗拼音输入法插入特殊字符

项目三
插入图像和多媒体元素

03

情景导入

  米拉的两个纯文本网页完成得非常不错，老洪觉得可以交给她一些更复杂的任务。

  于是老洪让米拉制作"佳美馨装饰——成功案例"栏目网页以及"佳美馨装饰——中式田园风格"内容网页，在制作时需要插入大量的图像，以及视频、音频、动画等多媒体元素，从而丰富网页的内容。

学习目标

- 掌握图像的插入方法
- 掌握视频和音频的插入方法

- 掌握动画的插入方法

素养目标

- 提升对网页图像的美化与修饰能力
- 提升对网页多媒体元素的分析与运用能力

任务一　制作"佳美馨装饰——成功案例"栏目网页

　　在完成"佳美馨装饰——会员列表"网页的制作后，老洪让米拉制作"佳美馨装饰——成功案例"栏目网页。该网页是"成功案例"栏目的入口页面，在其中会用大量的图片来展示各个子栏目的内容。本任务的参考效果如图3-1所示。

素材所在位置　素材文件\项目三\任务一\
效果所在位置　效果文件\项目三\任务一\cga1.html

图3-1　"佳美馨装饰——成功案例"栏目网页

一、任务描述

（一）任务背景

栏目网页是网站中某个栏目的入口页面，通常会分隔出多个区域以显示各个子栏目中的内容。本任务将制作"佳美馨装饰——成功案例"栏目网页。该栏目网页主要用于展示案例，会插入大量的图片。另外还会使用图像轮播进行图像的展示。

（二）任务目标

（1）掌握网页图像基础知识。

（2）掌握插入图像以及设置图像属性的方法。

（3）掌握创建鼠标经过图像的方法。

（4）掌握创建图像轮播的方法。

职业素养

网页设计人员在设计网页时要考虑网页版面的美观性和布局的合理性。网页设计人员可以参考目前常见的网页版式设计类型来进行设计，常见的网页版式主要有以下10种。

- 骨骼型：骨骼型是一种规范、合理地分割版面的设计类型，通常将网页主要布局设计为3行2列、3行3列或3行4列。

- 满版型：满版型是指网页以图像充满整个版面，并配上部分文本，优点是视觉效果直观、给用户高端大气的感觉。该设计类型在网页中的运用较多。

- 分割型：分割型是指将整个网页分割为上、下或左、右两部分，分别放置图像和文本，通过图文结合使网页产生协调、对比的美，并且用户可以根据需要调整图像和文本的比例。

- 中轴型：中轴型是指沿着浏览器窗口的中线将图像或文本按照水平或垂直方向排列，水平排列能够带给用户平静的感觉，垂直排列能够带给用户舒适的感觉。

- 曲线型：曲线型是指图像和文本在网页上按照曲线分割或编排，从而产生节奏感，适用于制作风格比较活泼的网页。

- 倾斜型：倾斜型是指将网页主题形象或重要信息倾斜排版，以吸引用户注意力，适用于一些活动网页的版式设计。

- 对称型：对称型分为绝对对称型和相对对称型，设计者通常采用相对对称型设计网页版式，避免网页过于呆板。

- 焦点型：焦点型是指将对比强烈的图片或文本放在网页中心，使网页具有强烈的视觉效果，通常用于房地产类网站的设计。

- 三角型：三角型是指将网页中各种视觉元素呈三角形排列，可以是正三角，也可以是倒三角，能够突出网页主题。

- 自由型：自由型版式设计的网页的风格较为活泼，没有固定的格式，总体给用户轻快、随意、不拘于传统布局方式的感觉。

二、相关知识

在页面中适当添加图像，不仅可以使页面更加美观，还可以更好地凸显网页内容。Dreamweaver具有强大的图像插入与编辑功能，可以让用户方便地制作网页。

（一）网页图像基础知识

网页中常用的图像格式有GIF、JPEG和PNG。

- **GIF**：GIF为图像交换格式，它主要采用LZW（Lempel-Ziv-Welch，串表压缩）算法，最多只能显示256种颜色。GIF格式主要用在菜单图标等简单的图像中。
- **JPEG**：JPEG（Joint Photographic Experts Group）为联合图像专家组格式。该图像格式采用有损压缩算法，在压缩图像时，可能会引起图像失真。但与GIF格式相比，JPEG格式可以显示更多的颜色，图像的色彩更加丰富。因此JPEG格式常用于结构比较复杂的图像，如数码相机拍摄的照片、扫描的图像和使用多种颜色制作的图像等。
- **PNG**：PNG（Portable Network Graphic）为可移植网络图像格式。该格式的图像压缩后不会失真，并且支持透明效果。

（二）插入图像

在Dreamweaver中插入图像的方法主要有以下3种。

- **直接插入图像**：将鼠标指针定位到需要插入图像的位置，选择"插入 > Image"命令或在"插入"面板中单击 Image 按钮，在打开的"选择图像源文件"对话框中选择需要插入的图像，再单击 确定 按钮插入图像，如图3-2所示。

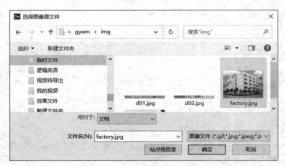

图3-2 直接插入图像

- **通过"文件"面板插入图像**：在"文件"面板中的站点文件夹中选择需要插入的图像，将其直接拖曳到插入位置，即可完成插入操作，如图3-3所示。
- **通过"资源"面板插入图像**：在"资源"面板中选择需要插入的图像，将其直接拖曳到插入位置或单击 插入 按钮，即可插入图像，如图3-4所示。

图3-3 通过"文件"面板插入图像

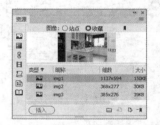

图3-4 通过"资源"面板插入图像

快速替换图像

插入图像后，在图像上单击鼠标右键，在弹出的快捷菜单中选择"源文件"命令，可快速打开该图像保存位置的对话框，在对话框中可选择其他图像快速替换已插入的图像。

（三）设置图像属性

在网页中插入图像后，通常还需要设置图像的属性。设置图像属性的方法主要有以下3种。

1. 使用"属性"面板设置

选择图像后的"属性"面板，如图3-5所示，在其中可以对图像的属性进行设置。

图3-5　图像的"属性"面板

其中各选项的含义如下。

- **"ID"文本框**：用于设置图像的ID。在行为或脚本语言（JavaScript或Visual Basic Script）中可以使用该ID来引用图像。
- **"Src"文本框**：用于显示图像文件的路径。拖曳其后的"指向文件"按钮⊕到"文件"面板中的某个图像文件上，可以将网页中的图像替换为该图像。单击其后的"浏览文件"按钮🗀，可在打开的"选择图像源文件"对话框中重新选择图像文件。
- **"链接"文本框**：用于指定图像的链接地址。设置链接地址后，单击图像会跳转到目标位置。
- **"Class"下拉列表框**（无　　）：用于选择图像的CSS样式。
- **"编辑"按钮** ✎：单击该按钮，将打开系统默认的图像编辑软件并打开所选图像文件，用户在其中可以对图像进行编辑操作。
- **"编辑图像设置"按钮** ⚙：单击该按钮，打开"图像优化"对话框，拖曳"品质"滑块可调整图像的品质高低，如图3-6所示。
- **"从源文件更新"按钮** ⯗：单击该按钮，网页中的图像会根据图像文件的当前内容和原始优化设置，以新的大小、无损坏的方式重新显示图像。
- **"裁剪"按钮** ⛏：单击该按钮，图像上会出现带控制点的线条区域，拖曳控制点可调整线条区域的大小，按"Enter"键裁剪图像，如图3-7所示。

图3-6　调整图像品质

图3-7　裁剪图像

- **"重新取样"按钮**：单击该按钮，会重新读取图像的信息并取样。
- **"亮度和对比度"按钮**：单击该按钮，可打开"亮度/对比度"对话框，在"亮度"和"对比度"文本框中输入值，或拖曳对应的滑块，可调整图像的亮度和对比度，如图3-8所示。
- **"锐化"按钮**：单击该按钮，可以在打开的"锐化"对话框中调整所选图像的清晰度，如图3-9所示。

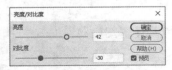

图3-8 调整图像的亮度和对比度

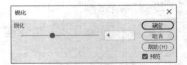

图3-9 锐化图像

- **"宽"和"高"文本框**：用于调整图像的宽度和高度，默认单位为像素（px）。文本框后的按钮表示图像处于等比例约束状态，单击该按钮，该按钮将变为状态，此时可单独设置图像的宽度和高度。

知识补充

通过鼠标拖曳调整图像的宽度和高度

选择图像后，拖曳图像下方的控制点可以调整图像的高度，拖曳图像右侧的控制点可以调整图像的宽度，拖曳图像右下角的控制点可以同时调整图像的高度和宽度，按住"Shift"键不放并拖曳图像右下角的控制点，可以等比例缩放图像。

- **"替换"文本框**：在该文本框中输入替换文本，当图像不能正常显示时，会显示"替换"文本框中输入的文本。
- **"标题"文本框**：在该文本框中输入标题文本，将鼠标指针移动到图像上时，会显示"标题"文本框中输入的文本。
- **"地图"文本框**：用于显示创建的热点名称。
- **热点工具**：用于创建图像热点。其中，"指针热点工具"用于选择、编辑热点区域，"矩形热点工具"用于创建矩形热点，"圆形热点工具"用于创建圆形热点，"多边形热点工具"用于创建多边形热点。
- **"目标"下拉列表框**：为图像创建链接后，可激活该下拉列表框，用于指定图像链接显示的位置。
- **"原始"文本框**：当插入的图像过大时，可以通过该文本框指定一个低分辨率的图像文件，在浏览器全部读取原图像之前，将显示该低分辨率的图像。

2. 使用<img>标签设置

在HTML代码中，<img>标签是用于插入图像的，可以直接在"代码"视图中修改<img>标签的内容来修改图像的属性。<img>标签的常用属性如下。

- src：用于设置要显示的图像的地址，如<img src="images/img1.jpg">。
- width：用于设置图像的宽度，如<img src="images/img1.jpg" width="335">。
- height：用于设置图像的高度，如<img src="images/img1.jpg" height="500">。
- alt：用于指定图像无法显示时的替代文本，如<img src="images/img1.jpg" alt="装修

案例图片1">。

- **border**：用于设置图像边框的粗细，如<img src="images/img1.jpg" border="5">。
- **align**：用于设置图像的对齐方式，有top、middle、bottom、left、right这5个属性值，分别表示顶部对齐、居中对齐、底部对齐、左对齐和右对齐。
- **hspace**：用于设置图像上、下两边与其他内容的距离，<img src="images/img1.jpg" hspace="5">。
- **vspace**：用于设置图像左、右两边与其他内容的距离，<img src="images/img1.jpg" vspace="5">。

3. 使用快速"属性"检查器设置

在"实时"视图中选择图像，在出现的快速"属性"检查器中单击▤按钮，在打开的"HTML"面板中可以设置图像的src、alt、width、height、link属性，如图3-10所示。单击⊞按钮，在出现的文本框中可以为图像添加Class或ID，如图3-11所示。

图3-10　使用快速"属性"检查器设置图像属性　　　　图3-11　为图像添加Class或ID

（四）创建鼠标经过图像

鼠标经过图像是一种具有特殊效果的图像。在浏览器中查看网页时，若将鼠标指针移动到鼠标经过图像上，就会显示另外一张图像。

在创建鼠标经过图像时，需要准备两张图像，一张图像用于首次加载页面时显示，另一张图像是鼠标指针经过时显示的图像。需注意，这两张图像的大小最好相同。如果大小不同，第二张图像会自动与第一张图像的大小相匹配，有可能会产生较为严重的变形。

创建鼠标经过图像的方法为：在"插入"面板中单击 ▤ 鼠标经过图像 按钮，打开"插入鼠标经过图像"对话框，选择"原始图像"和"鼠标经过图像"的路径，并设置相关参数，如图3-12所示。

图3-12　选择图像并设置参数

"插入鼠标经过图像"对话框中部分选项的功能如下。

- **"图像名称"文本框**：用于设置鼠标经过图像的名称。
- **"原始图像"文本框**：用于设置页面加载时显示的原始图像，可直接在文本框中输入图像路径，或单击 浏览… 按钮后在打开的对话框中选择图像。
- **"鼠标经过图像"文本框**：用于设置鼠标指针经过时显示的图像，设置的方法与"原始图像"文本框的相同。
- **"预载鼠标经过图像"复选框**：选中该复选框，可将图像预先加载到浏览器的缓存中，以便鼠标指针经过图像时不会产生卡顿。

- "替换文本"文本框：用于设置当图像不能正确显示时所显示的文本。
- "按下时，前往的URL"文本框：用于设置单击鼠标经过图像时要打开的网页路径。

（五）创建图像轮播

通过创建图像轮播可以在同一个位置显示多张图像，每隔一定的时间自动切换至下一张图像，用户也可以单击◀或▶按钮手动切换至上一张或下一张图像，单击图像下方的横线▬▬▬▬▬也可以切换到指定的图像，如图3-13所示。

图3-13　图像轮播

创建图像轮播的方法如下。

（1）切换到"实时"视图，将光标定位到要插入图像轮播的位置。

（2）在"插入"面板中的下拉列表框中选择"Bootstrap组件"选项，然后单击▥ Container 按钮插入图像轮播，如图3-14所示。

（3）在"代码"视图中找到alt属性值为"First slide"的<img>标签，修改其src属性为第1张图像的路径。在下方的<h5>标签和<p>标签中可以输入相应的文本，用于对图像的内容进行说明，如果不需要也可以删除。如图3-15所示。

图3-14　插入图像轮播　　　　　　　　图3-15　修改图片和说明文本

（4）使用相同的方法修改第2张图像的路径和说明文本。

（5）如果要显示更多图像，只需将<div class="carousel-item">……</div>中的内容（见图3-16）复制多次，并修改其中的图像路径和说明文本。

图3-16　需复制的内容

三、任务实施

（一）插入案例图像

下面在"佳美馨装饰——成功案例"栏目网页中插入案例图像，具体操作如下。

微课视频
插入案例图像

（1）打开"cgal.html"网页文件，将光标定位到"现代简约1"文本上方的单元格中，如图3-17所示。

（2）选择"插入""Image"命令，打开"选择图像源文件"对话框，选择"1-1.jpg"图像文件，单击 确定 按钮，在"属性"面板中修改图像文件的"宽"为"250px"，"高"为"248px"，如图3-18所示。

图3-17　定位光标

图3-18　插入图像并设置图像大小

（3）使用相同方法插入其他案例图像，并修改图像文件的"宽"为"250px"，"高"为"248px"，完成后的效果如图3-19所示。

图3-19　插入其他案例图像

（二）使用鼠标经过图像制作按钮

下面在"佳美馨装饰——成功案例"栏目网页中使用鼠标经过图像制作按钮，具体操作如下。

微课视频
使用鼠标经过
图像制作按钮

（1）切换到"实时"视图，选择导航栏中的<div>标签，如图3-20所示。

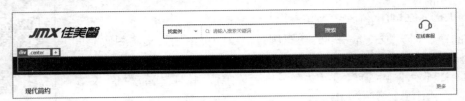

图3-20　选择<div>标签

（2）在"插入"面板中单击 ⬛ 鼠标经过图像按钮，在打开的面板中单击⬛按钮，在当前选择对象内部插入鼠标经过图像，如图3-21所示。

（3）打开"插入鼠标经过图像"对话框，设置"图像名称"为"Image1"，"原始图像"为"images/bt1-1.png"，"鼠标经过图像"为"images/bt1.png"，如图3-22所示。单击 确定 按钮插入鼠标经过图像。

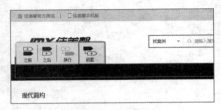

图3-21　单击⬛按钮

图3-22　"插入鼠标经过图像"对话框

（4）选择插入的鼠标经过图像，单击左上角的⬛按钮，在打开的面板中设置"width"为"120"，"height"为"37"，如图3-23所示。

（5）在"插入"面板中单击 ⬛ 鼠标经过图像按钮，在打开的面板中单击⬛按钮，在当前选择对象之后插入鼠标经过图像，如图3-24所示。

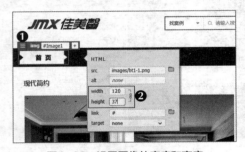

图3-23　设置图像的宽度和高度

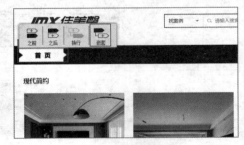

图3-24　单击⬛按钮

（6）打开"插入鼠标经过图像"对话框，设置"图像名称"为"Image2"，"原始图像"为"images/bt2.png"，"鼠标经过图像"为"images/bt2-1.png"，如图3-25所示。单击 确定 按钮插入鼠标经过图像。

（7）选择插入的鼠标经过图像，单击左上角的⬛按钮，在弹出的面板中设置"width"为"120"，"height"为"37"，如图3-26所示。

（8）使用相同方法插入"公司荣誉"和"联系我们"鼠标经过图像，如图3-27所示。

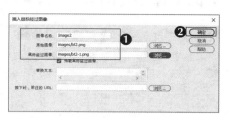

图3-25 "插入鼠标经过图像"对话框

图3-26 设置图像的宽度和高度

图3-27 插入其他鼠标经过图像

（三）插入案例轮播图

微课视频

插入案例轮播图

下面在"佳美馨装饰——成功案例"栏目网页中插入案例轮播图，具体操作如下。

（1）选择导航栏下方的<div>标签，在"插入"面板中的下拉列表框中选择"Bootstrap组件"选项，单击 Carousel 按钮，在打开的面板中单击 按钮，如图3-28所示。

图3-28 单击 按钮

（2）切换到"代码"视图，将轮播图中的3张图片的地址分别修改为"images/img1.png""images/img2.png""images/img3.png"，并删除下方的说明文本，如图3-29所示。

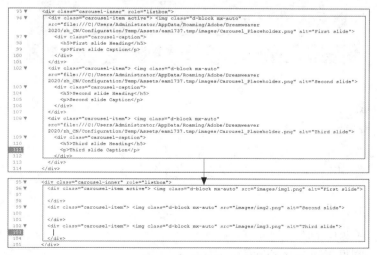

图3-29 修改代码

（3）按"Ctrl+S"组合键保存文件，完成本任务。

任务二　制作"佳美馨装饰——中式田园风格"内容网页

　　制作完"佳美馨装饰——成功案例"栏目网页后，老洪让米拉制作"佳美馨装饰——中式田园风格"内容网页，需要在该网页中通过插入视频、音频和动画来展示中式田园风格的装修效果。本任务的参考效果如图3-30所示。

素材所在位置　素材文件\项目三\任务二\
效果所在位置　效果文件\项目三\任务二\zstyfg.html

图3-30　"佳美馨装饰——中式田园风格"内容网页

一、任务描述

（一）任务背景

　　本任务将制作"佳美馨装饰——中式田园风格"内容网页，该网页用于展示中式田园风格的装修效果，在网页中可插入视频、音频和动画等多媒体元素，使网页具有动感，网页效果也更加出彩。

（二）任务目标

（1）掌握在网页中插入视频的方法。
（2）掌握在网页中插入音频的方法。
（3）掌握在网页中插入动画的方法。

二、相关知识

本任务涉及多媒体元素的添加，网页中的多媒体元素包括视频、音频和动画等。

（一）插入视频

在Dreamweaver中，插入视频是通过插入<video>标签来实现的。方法为：将光标定位到需要插入<video>标签的位置，选择"插入 > HTML > HTML5 Video"命令或在"插入"面板中单击 🔲 HTML5 Video 按钮插入<video>标签，并生成一个标签占位符，如图3-31所示。然后在"属性"面板中设置视频的路径和其他属性，如图3-32所示。

图3-31　插入<video>标签

图3-32　<video>标签"属性"面板

<video>标签"属性"面板中相关选项的含义如下。

- **"ID"下拉列表框**：用于设置<video>标签的ID，在脚本语言中可以通过该ID对<video>标签进行引用。
- **"Class"下拉列表框**：用于设置<video>标签的CSS样式。
- **"W"和"H"文本框**：用于设置<video>标签的宽度和高度，默认单位为像素。
- **"源"文本框**：用于设置要播放的视频文件的路径，在"源"文本框后单击"浏览"按钮■，在打开的对话框中选择需要插入的视频文件或拖曳"指向文件"按钮⊕至目标视频，可以重新设置视频文件的路径。
- **"Poster"文本框**：用于设置一张图像，在视频完全载入和播放前显示。
- **"Title"文本框**：用于指定<video>标签的标题。
- **"回退文本"文本框**：用于设置浏览器不支持<video>标签时所显示的文本。
- **"Controls"复选框**：选中该复选框，将在视频下方显示播放控件，用于控制视频的播放、暂停和设置静音等操作。
- **"AutoPlay"复选框**：选中该复选框将在加载完网页后自动播放视频。
- **"Loop"复选框**：选中该复选框将循环播放视频。
- **"Muted"复选框**：选中该复选框将静音播放视频。
- **"Preload"下拉列表框**：用于设置加载视频的方式，共有3种方式，其中none表示不加载视频，在播放时再加载；auto表示在下载网页时加载视频；metadata表示在下载网页时仅下载视频的媒体信息数据。
- **"Alt源1"和"Alt源2"文本框**：在"Alt源1"和"Alt源2"文本框中设置不同格式的视频文件，当"源"中所指定的视频文件不被浏览器支持时，则会依次播放"Alt源1"或"Alt源2"文本框中所指定的视频文件。
- **"Flash回退"文本框**：设置一个Flash（SWF格式）文件，当浏览器不支持HTML5时，可以播放该文件对应的视频。

（二）插入音频

在Dreamweaver中，插入音频是通过插入<audio>标签来实现的，方法为：将光标定位到需要插入<audio>标签的位置，选择"插入""HTML""HTML5 Audio"命令或在"插入"面板中单击 HTML5 Audio 按钮插入<audio>标签，并生成一个标签占位符，如图3-33所示。然后在"属性"面板中设置音频的路径和其他属性，如图3-34所示。

图3-33 插入<audio>标签

图3-34 <audio>标签"属性"面板

<audio>标签的属性设置方法与<video>标签的属性设置方法相同，且其属性值也基本相同。这里不再介绍，可参考<video>标签的属性作用及设置方法，在<audio>标签"属性"面板中进行设置。

> **知识补充**
>
> **设置网页背景音乐**
>
> 　　要为网页设置背景音乐，需在<audio>标签的"属性"面板中取消选中"Controls"复选框，选中"Autoplay"复选框和"Loop"复选框。这样网页中不会显示播放控件，但会一直循环播放设置的音乐。

（三）插入动画

使用Dreamweaver的动画合成功能，可以将.oam格式的动画文件插入网页中。.oam格式的动画文件可以使用Adobe Animate制作，在"发布设置"对话框中选中"OAM包"复选框，即可将动画发布为.oam格式。

在Dreamweaver中插入动画的方法为：在"插入"面板中单击 动画合成 按钮，在打开的"选择动画合成"对话框中选择需要插入的动画文件，单击 确定 按钮即可插入动画文件，如图3-35所示。

图3-35 插入动画

在网页中插入动画后，会在"属性"面板中显示动画合成的属性，在其中可设置动画合成的ID、CSS样式、宽度和高度，如图3-36所示。

图3-36　动画合成"属性"面板

三、任务实施

（一）设置背景音乐

下面为"佳美馨装饰——中式田园风格"内容网页设置背景音乐，具体操作如下。

（1）打开"zstyfg.html"网页文件，将插入点定位在"中式田园风格"文本的左侧，然后在"插入"面板中单击 ◀ HTML5 Audio 按钮插入 <audio> 标签，如图3-37所示。

图3-37　插入 <audio> 标签

（2）选择插入的 <audio> 标签占位符，然后在"属性"面板中的"源"文本框中输入"sound1.mp3"，然后取消选中"Controls"复选框，再选中"Autoplay"复选框和"Loop"复选框，如图3-38所示。

图3-38　设置 <audio> 标签属性

（二）插入并设置视频

下面为"佳美馨装饰——中式田园风格"内容网页插入并设置视频，具体操作如下。

（1）将光标定位在"中式田园风格"文本下方的空行中，在"插入"面板中单击 ▤ HTML5 Video 按钮插入 <video> 标签，如图3-39所示。

图3-39　插入 <video> 标签

（2）在"属性"面板中设置"Class"为"border"，"W"为"1080"，"H"为空，"源"为"video.mp4"，"Poster"为"images/videobg.png"，"Preload"为"auto"，并选中"Controls"复选框，如图3-40所示。

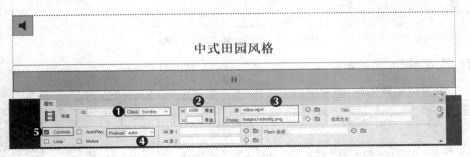

图3-40　设置<video>标签属性

知识补充	**视频大小的设置**

　　在设置视频的大小时，可以只设置<video>标签的宽度。这样在播放视频时，视频画面的宽度会和所设置的宽度一致，而高度会等比例缩放至相应的大小。另外，在设置<video>标签的宽度和高度时，如果其比例和视频的宽高比不一致，则会在视频画面的上、下或左、右显示空白区域。

（三）插入并设置动画

下面为"佳美馨装饰——中式田园风格"内容网页插入并设置动画，具体操作如下。

（1）将光标定位在"中式田园风格"文本上方的单元格中，在"插入"面板中单击 动画合成 按钮，在打开的"选择动画合成"对话框中选择"movie.oam"动画文件，然后单击 确定 按钮，如图3-41所示。

微课视频

插入并设置动画

图3-41　"选择动画合成"对话框

（2）选择插入的动画合成，在"属性"面板中设置"宽"为"1080"，"高"为"300"，如图3-42所示。

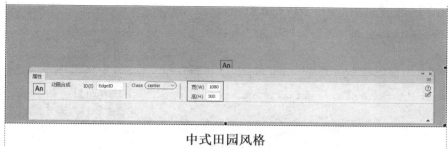

中式田园风格

图3-42　设置动画合成属性

（3）按"Ctrl+S"组合键保存文件，完成本任务。

实训一　制作"中国皮影——皮影鉴赏"网页

【实训要求】

本实训的要求是制作"中国皮影——皮影鉴赏"网页，其主体为3个按钮，当鼠标指针移动到按钮上时，按钮会产生颜色变化，完成后的效果如图3-43所示。

素材所在位置　素材文件\项目三\实训一\
效果所在位置　效果文件\项目三\实训一\pyjs.html

微课视频

制作"中国皮影——皮影鉴赏"网页

图3-43　"中国皮影——皮影鉴赏"网页效果

【实训思路】

本网页的主体部分分为3个由鼠标经过图像制作的书签形式的按钮，前两个按钮都由一张颜色较浅的PNG图像和一张颜色较深的PNG图像构成，当鼠标指针移动到按钮上面时，按钮将产生颜色变化；第3个按钮由一张颜色较浅的PNG图像和一张GIF动态图像构成，当鼠标指针移动到按钮上面时，不仅按钮颜色会发生变化，而且会有动态效果。

【步骤提示】

要完成本实训，首先应插入一个1行4列、边框粗细为0、宽度为100%的表格，然后在第1个单元格中插入标题图像，最后在其他3个单元格中插入鼠标经过图像。其主要步骤如图3-44所示。

①插入表格　　　　　　②插入标题图像　　　　③插入鼠标经过图像

图3-44　制作"中国皮影——皮影鉴赏"网页的主要步骤

（1）打开"pyjs.html"网页文件。

（2）在网页中的矩形中插入一个1行4列、边框粗细为0、宽度为100%的表格。

（3）在第1个单元格中插入"images/pyjs.png"图像文件。

（4）在第2个单元格中插入一个鼠标经过图像，并设置"原始图像"为"images/bt1-1.png"图像文件，"鼠标经过图像"为"bt1-2.png"图像文件。

（5）在第3个单元格中插入一个鼠标经过图像，并设置"原始图像"为"images/bt2-1.png"图像文件，"鼠标经过图像"为"bt2-2.png"图像文件。

（6）在第4个单元格中插入一个鼠标经过图像，并设置"原始图像"为"images/bt3-1.png"图像文件，"鼠标经过图像"为"bt3-2.gif"图像文件。

（7）按"Ctrl+S"组合键保存文件，完成本实训。

实训二　制作"中国皮影——皮影的表演"网页

【实训要求】

本实训的要求是制作"中国皮影——皮影的表演"网页，在其中将展示皮影表演的音频和视频，完成后的效果如图3-45所示。

素材所在位置　素材文件\项目三\实训二\
效果所在位置　效果文件\项目三\实训二\pydby.html

微课视频

制作"中国皮影——皮影的表演"网页

【实训思路】

在本网页的主体部分中需插入一个HTML5音频和一个HTML5视频，其中HTML5音频用于播放一个皮影戏唱段，HTML5视频用于播放一段皮影表演视频。

图3-45 "中国皮影——皮影的表演"网页效果

【步骤提示】

完成本实训的主要步骤包括插入标题图像、插入HTML5音频，以及插入HTML5视频，如图3-46所示。

① 插入标题图像　　　　② 插入HTML5音频　　　　③ 插入HTML5视频

图3-46 制作"中国皮影——皮影的表演"网页的主要步骤

（1）打开"pydby.html"网页文件。

（2）在第一个单元格中插入"pydby.png"图像文件。

（3）在"皮影唱腔欣赏"文本下方插入一个HTML5音频，在"属性"面板中设置"源"为"images/皮影音频.mp3"，并选中"Controls"复选框。

（4）在"皮影表演欣赏"文本下方插入一个HTML5视频，在"属性"面板中设置"源"为"images/皮影视频.mp4"，"W"为"840"，并选中"Controls"复选框。

（5）按"Ctrl+S"组合键保存文件，完成本实训。

课后练习

本项目主要介绍了在Dreamweaver中插入图像和多媒体元素的方法，包括网页图像基础知识、插入图像、设置图像属性、创建鼠标经过图像、创建图像轮播、插入视频、插入音频、插入动画等。对于本项目的内容，读者应重点掌握图像、音频、视频和动画的插入方法，以便于在日常设计工作中提高工作效率。

练习1：制作"购鞋网——关于我们"网页

本练习要求制作"购鞋网——关于我们"网页，主要练习插入图片和制作鼠标经过图像。参考效果如图3-47所示。

图3-47 "购鞋网——关于我们"网页效果

素材所在位置 素材文件\项目三\课后练习\关于我们\
效果所在位置 效果文件\项目三\课后练习\关于我们\gywm.html

操作要求如下。
- 打开"gywm.html"网页文件。
- 在"全国统一客服……"文本上方插入"factory.jpg"图像文件。
- 在"factory.jpg"图像右侧插入两个空格，再插入"zs.jpg"图像文件。
- 将插入点定位到网页最后，然后插入鼠标经过图像，设置"原始图像"为"d01.jpg"图像文件，"鼠标经过图像"为"d02.jpg"图像文件。

练习2：制作"购鞋网——新品展台"网页

本练习要求制作"购鞋网——新品展台"网页，重点练习插入音频、视频、动画等，参考效果如图3-48所示。

素材所在位置 素材文件\项目三\课后练习\新品展台\
效果所在位置 效果文件\项目三\课后练习\新品展台\xpzt.html

操作要求如下。
- 打开"xpzt.html"文件。
- 在网页的任一位置处插入一个<audio>标签，在"属性"面板中设置"源"为"bgmusic.mp3"，选中"Autoplay"复选框和"Loop"复选框并取消选中"Controls"复选框。

- 在单鞋下方的图片右侧插入一个 <video> 标签，在"属性"面板中设置"W"为"200"，"H"为"150"，"源"为"xc.mp4"，"Preload"为"auto"，并选中"Loop"和"AutoPlay"复选框。
- 在网页的最上方插入"banner.oam"动画文件。

图3-48 "购鞋网——新品展台"网页效果

技巧提升

1. 网页中常用的音乐文件格式

在网页中可插入多种格式的音乐文件，常见的音乐文件格式有MP3、WAV、AIF、MIDI等。

- **MP3格式**：MP3格式文件是一种压缩格式文件，其声音品质可以达到CD音质。MP3技术可以对文件进行流式处理，用户可边收听边下载。
- **WAV格式**：WAV格式文件具有较好的声音品质，大多数浏览器都支持此类格式文件并且不需要插件。WAV格式文件通常较大，因此它在网页中的应用会受到一定的限制。
- **AIF格式**：与WAV格式文件类似，AIF格式的音频文件也具有较好的声音品质，大多数浏览器都支持AIF格式文件，并且不需要安装插件。但是，AIF格式文件通常较大。
- **MIDI格式**：大多数浏览器都支持MIDI格式文件，并且不需要插件。MIDI格式文件不能通过录制获得，必须使用特殊的硬件和软件在计算机上合成。MIDI格式文件的声音品质更好，但不同的声卡的声音效果可能不同。

2. 为不同类型文件设置不同的外部编辑器

Dreamweaver可以为不同类型文件设置不同的外部编辑器，设置成功后，在"文件"面板中双击要编辑的文件，就可以启动对应的外部编辑器对该文件进行编辑，如双击JPG格式的图像文件时启动Photoshop，而在双击GIF格式的图像文件时启动另一个图像编辑器。设置方法为：选择"编辑 > 首选项"命令，打开"首选项"对话框，在"文件类型 / 编辑器"选项卡中为不同格式的文件设置对应的外部编辑器，如图3-49所示。

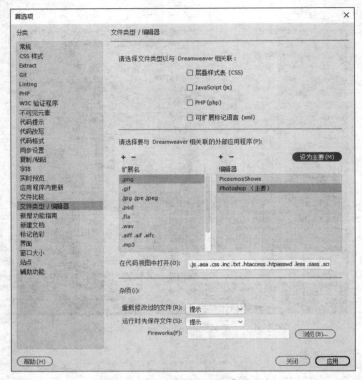

图3-49 "文件类型/编辑器"选项卡

项目四
创建超链接

04

情景导入

  米拉完成了"佳美馨装饰"网站的相关网页的制作，但这些网页目前都是单独的。若要组建成一个完整的网站，还需要通过超链接连接网站中的网页。

  于是老洪给米拉布置了两个任务——在"佳美馨装饰——网站地图"网页和"佳美馨装饰——联系我们"网页中创建超链接。超链接不仅可以将各个网页连接起来，还可以实现下载文件、发送电子邮件、运行JavaScript脚本等特殊功能。

学习目标

- 了解超链接的基础知识
- 掌握创建文本超链接和图像超链接的方法

- 掌握创建锚点超链接、文件下载超链接的方法
- 掌握创建电子邮件超链接、空链接、脚本链接的方法

素养目标

- 培养科学的思维方式
- 提高判断、分析问题的能力
- 提高在网页设计方面的创新思维

任务一　创建"佳美馨装饰——网站地图"网页中的超链接

米拉根据之前的经验制作了"佳美馨装饰——网站地图"网页，老洪让她在其中创建超链接，包含文本超链接、图像超链接这2种，单击超链接能够跳转到其他网页中。本任务的参考效果如图4-1所示。

素材所在位置	素材文件\项目四\任务一\wzdt.html
效果所在位置	效果文件\项目四\任务一\wzdt.html

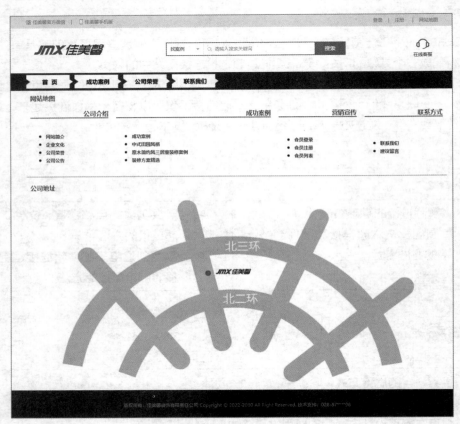

图4-1　"佳美馨装饰——网站地图"网页

一、任务描述

（一）任务背景

网站地图，又称站点地图，它是网站中的一个网页，其中通常罗列了网站中重要网页的超链接。网站地图既可以方便用户查找自己所需浏览的网页，也可以方便搜索引擎抓取网站中的网页。

（二）任务目标

（1）了解超链接的基础知识。

（2）掌握创建文本超链接的方法。

（3）掌握创建图像超链接的方法。

> **职业素养**　　要成为一名优秀的网页设计师，首先要有一定的审美能力。这需要网页设计师平时多积累，对具有设计感的网站有着独到的见解，能够分析出其他网页设计师作品的设计理念，并将其灵活运用在自己的作品中，从而不断提升自己的审美能力。

二、相关知识

超链接是制作网站必不可少的元素之一，可以关联网站中的每个网页。使用超链接前需要先认识超链接，再创建超链接。

（一）认识超链接

超链接更强调一种相互关系，即从一个网页指向一个目标对象的链接关系。这个目标对象可以是一个网页或相同网页中的不同位置，也可以是图像、电子邮件软件、文件等。在网页中设置超链接后，单击该超链接则可跳转到链接的网页。超链接主要由源端点和目标端点两部分组成，有超链接的一端称为超链接的源端点，鼠标指针停留在上面时会变为手的形状$\text{\textcircled{$\scriptstyle\cdots$}}$，如图4-2所示；单击超链接源端点后跳转到的网页所在的地址称为目标端点，即"URL"。

图4-2　超链接

1. URL的基本格式

URL的基本格式为："访问方案://主机名:端口/路径/文件#锚记"，例如"http://baike.abc***def.com:80/view/10021486.html#2"。

- **访问方案**：访问方案是在客户机程序和服务器之间进行通信的协议。访问方案有多种，如Web服务器的访问方案是HTTP，除此以外，还有文件传送协议（File Transfer Protocol，FTP）和简单邮件传送协议（Simple Mail Transfer Protocol，SMTP）等。
- **主机名**：主机名是指提供资源的网页服务器地址，可以是IP地址或域名，如"baike.abc***def.com"。
- **端口**：端口是指服务器提供资源服务的端口，一般使用默认端口，HTTP服务器的默认端口是"80"，通常可以省略。当服务器提供资源服务的端口不是默认端口时，要给URL加上端口才能访问。
- **路径**：路径是指资源在服务器上的位置，如"view"说明访问的资源在该服务器根目录的"view"文件夹中。
- **文件**：文件是具体访问的资源名称，如"10021486.html"。
- **锚记**：在HTML文件中可以使用<a>标签添加锚记（如<a name="#2">），主要用于标记网页的不同位置。当在URL中添加锚记后，打开网页窗口将直接显示锚记所在位置的内容。

2. 超链接的类型

超链接主要有文本超链接、图像超链接、锚点超链接、文件下载超链接、电子邮件超链接、空链接和脚本链接7种。

- **文本超链接**：文本超链接的源端点是一段文本，默认情况下该文本的颜色为蓝色，有下划线；访问后的超链接的文本颜色为紫色。网页制作人员可以通过CSS样式修改文本超链接的文本颜色以及是否有下划线等属性。

- **图像超链接**：图像超链接的源端点是图像或图像热点（图像中的部分区域）。

- **锚点超链接**：锚点超链接用于跳转到指定的网页位置，适用于网页内容超出窗口高度，需使用滚动条辅助浏览的情况。

- **文件下载超链接**：文件下载超链接是指超链接的目标端点是浏览器不可识别的文件时，浏览器会打开下载窗口并提供该文件的下载服务。运用这种超链接，网页制作人员可以在网页中提供下载功能，用户单击文件下载超链接就能下载所需的文件。

- **电子邮件超链接**：电子邮件超链接能够让用户快速创建电子邮件。单击此种超链接，可打开系统默认电子邮件软件，还可以预先设置好收件人的电子邮件地址。

- **空链接**：空链接不具有跳转网页的功能，但是可以返回当前页面的顶部。

- **脚本链接**：脚本链接可以可以运行指定的JavaScript语句或函数，以在网页中实现一些自定义的功能或效果，如实现"设为首页"、"收藏本站"和"打印网页"等功能。

3. 超链接的路径

超链接的路径可分为文档相对路径、绝对路径和站点根目录相对路径等3种类型。

- **文档相对路径**：文档相对路径是本地站点链接中较常用的路径类型。使用文档相对路径时，不用给出完整的URL，可省去链接的URL与当前文档URL的相同部分，只保留不同的部分。当移动网站的整个文件夹时，文档相对路径关联的文件之间的相互关系没有发生变化，不会出现链接错误的情况，也就不用更新链接或重新设置链接。因此，在上传网站时使用文档相对路径创建的链接非常方便。假设一个网站的站点结构如图4-3所示，文档相对路径的设置方式通常有以下4种。

  - **同目录**：若要从contents.html链接到hours.html，可使用文档相对路径hours.html。

  - **子目录**：若要从contents.html链接到tips.html，可使用文档相对路径resources/tips.html。一个正斜线（/）表示在目录层次结构中向下移动一个级别。

  - **父目录**：若要从contents.html链接到index.html，可使用文档相对路径../index.html。两个点和一个正斜线（../）表示在目录层次结构中向上移动一个级别。

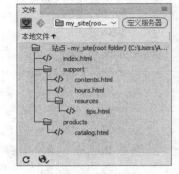

图4-3　网站的站点结构

  - **父目录的子目录**：若要从contents.html链接到catalog.html，可使用文档相对路径../products/catalog.html。其中，../表示向上移至父目录，而products/表示向下移至products子目录中。

- **绝对路径**：绝对路径中有链接目标端点完整的URL，包括URL使用的协议，如"http://mail.abc***def.net/index.html"。绝对路径在网页中主要用于创建站外具有固定地址的链接。
- **站点根目录相对路径**：站点根目录相对路径以"/"开头，"/"代表网站的根目录，如"/tianshu/xiaoshuo.html"。同一个站点中网页的链接可采用这种类型的路径。

4. 超链接的"目标"属性

超链接的"目标"属性是指用户单击超链接后目标网页的打开方式，共有以下5种。

- **_blank**：在一个新的标签页中打开目标网页。
- **_parent**：在上一级框架（一种特殊的网页文件，可以将整个页面分割为多个区域，在每个区域中都可以嵌入一个网页文件）中打开目标网页。
- **_self**：在超链接所在的窗口或框架中打开目标网页，_self也是默认选项。
- **_top**：在最顶级的框架中打开目标网页。
- **new**：在一个新的浏览器窗口中打开目标网页。

（二）创建文本、图像超链接

下面介绍在Dreamweaver中创建文本超链接和图像超链接的方法。

1. 创建文本超链接

在网页中，文本超链接是最常见的链接方式之一，它将文本作为源端点。在网页中创建文本超链接的方法有以下4种。

- **通过菜单命令**：将插入点定位到需要创建文本超链接的位置，选择"插入"/"Hyperlink"命令或在"插入"面板中单击 **⑧ Hyperlink** 按钮，在打开的"Hyperlink"对话框中设置"文本""链接""目标""标题"等内容，单击 ⬭确定 按钮，如图4-4所示。
- **指向文件**：指向文件是指为同一文档中的锚点或其他打开文档中的锚点创建超链接。方法为：选择要创建超链接的文本，然后在"属性"面板中单击"指向文件"按钮⊕，按住鼠标左键不放并将鼠标指针拖曳到"文件"面板要链接的目标文件上，然后释放鼠标，如图4-5所示。

图4-4　"Hyperlink"对话框　　　　　　　　图4-5　指向文件

- 通过"浏览文件"按钮📁：选择需要创建超链接的文本，在"属性"面板中单击"浏览文件"按钮📁，在打开的"选择文件"对话框中选择链接的目标文件，单击 ▦确定 按钮，如图4-6所示。
- 输入HTML代码：在"代码"视图中输入HTML代码创建超链接，如图4-7所示。

图4-6　选择链接文件　　　　　　　　　　图4-7　输入HTML代码

2. 创建图像超链接

创建图像超链接的方法主要有为整个图像创建超链接和为图像热点（又称图像地图，表示图像中指定的部分热点区域）创建超链接两种方法。

- **为整个图像创建超链接**：在Dreamweaver中为整个图像添加超链接与创建文本超链接的方法基本相同。方法为：在"设计"视图中选择需添加超链接的图像，然后在"属性"面板中的"链接"文本框中输入要跳转的网页地址，如图4-8所示。
- **为图像热点创建超链接**：要为图像热点创建超链接，首先需要为图像创建热点，然后为热点创建超链接。方法为：选择要创建热点的图像，在"属性"面板中单击"矩形热点工具"▭、"圆形热点工具"⭘或"多边形热点工具"▽，并在图像中拖曳鼠标指针，创建相应形状的热点，然后在该热点的"属性"面板中的"链接"文本框中输入要跳转的网页地址，如图4-9所示。

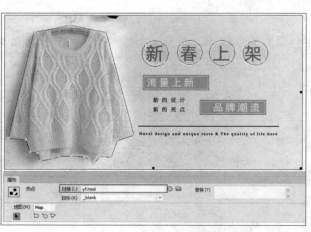

图4-8　为整个图像创建超链接　　　　　　图4-9　为图像热点创建超链接

调整热点区域

知识
补充

　　使用"指针热点工具" 拖曳热点区域上的控制点，可以调整热点区域的形状。

三、任务实施

（一）创建文本超链接

　　下面在"佳美馨装饰——网站地图"网页中创建文本超链接，具体操作如下。

（1）打开"wzdt.html"网页文件，选择"公司简介"文本，在"插入"面板中单击 Hyperlink 按钮，打开"Hyperlink"对话框。

（2）在"链接"文本框中输入"wzjj.html"，单击 确定 按钮插入超链接，如图4-10所示。

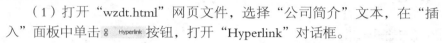

图4-10　创建超链接

（3）使用相同的方法为"公司简介""成功案例""营销宣传""联系方式"下的其他文本创建超链接，如图4-11所示。

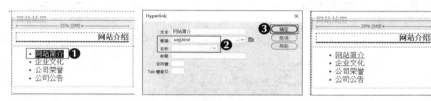

图4-11　创建其他文本超链接

（4）选择"文件""页面属性"命令，打开"页面属性"对话框，选择"链接（CSS）"选项，设置"链接字体"的"粗细"为"900"，"大小"为"12px"，"链接颜色"为"#3E3E3E"，"变换图像链接"为"#C00000"，"已访问链接"为"#3E3E3E"，"活动链接"为"#3E3E3E"，"下划线样式"为"仅在变换图像时显示下划线"，单击 确定 按钮设置超链接格式，如图4-12所示。

图4-12　设置超链接属性

（二）创建图像超链接

下面在"佳美馨装饰——网站地图"网页中创建图像超链接，具体操作如下。

（1）选择左上角的Logo图像，在"属性"面板的"链接"文本框中输入"index.html"创建图像超链接，如图4-13所示。

（2）在"DOM"面板中选择当前 <img> 标签上方的 <a> 标签，如图4-14所示。

微课视频

创建图像超链接

图4-13　创建图像超链接

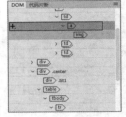

图4-14　选择 <a> 标签

（3）在"属性"面板下的"目标"下拉列表框中选择"new"选项，如图4-15所示。

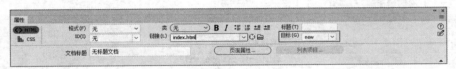

图4-15　设置"目标"属性

（三）创建图像热点超链接

下面在"佳美馨装饰——网站地图"网页中创建图像热点超链接，具体操作如下。

（1）选择"公司地址"下方的图像文件，在"属性"面板中单击"矩形热点工具"按钮，然后在图像中沿"佳美馨装饰"的Logo绘制一个矩形热点。

微课视频

创建图像热点超链接

（2）在"链接"文本框中输入百度地图的网址，在"目标"下拉列表框中选择"_blank"选项，如图4-16所示。

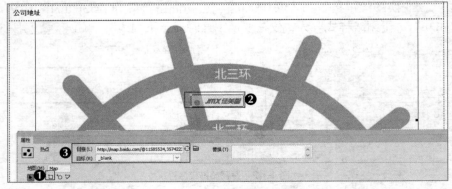

图4-16　创建图像热点超链接

（四）浏览超链接效果

下面在浏览器中浏览"佳美馨装饰——网站地图"网页中创建的超链接的效果，具体操作如下。

（1）按"Ctrl+S"组合键保存网页，按"F12"键启动系统默认的浏览器浏览网页。

（2）将鼠标指针移动到"公司简介"超链接上，鼠标指针变为手的形状🖑，超链接文本颜色变为深红色并显示下划线，如图4-17所示。单击后将在当前标签页中打开"公司简介"页面。

（3）单击浏览器中的"返回"按钮←，返回到"佳美馨装饰——网站地图"网页，将鼠标指针移动到网页左上角Logo图像上，鼠标指针变为手的形状🖑，如图4-18所示。单击将打开一个新的浏览器窗口，并在其中打开网站首页。

图4-17　单击文本超链接

图4-18　单击图像超链接

（4）再次返回"佳美馨装饰——网站地图"页面，将鼠标指针移动到"公司地址"下方图像中的Logo上，鼠标指针变为手的形状🖑，如图4-19所示。单击后，浏览器将新建一个标签页，并在其中打开"百度地图"页面。

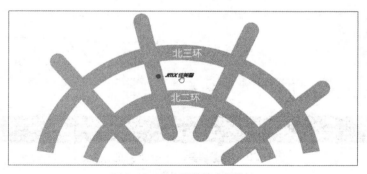

图4-19　单击图像热点超链接

任务二　创建"佳美馨装饰——联系我们"网页中的超链接

在"佳美馨装饰——网站地图"网页中创建超链接后，老洪让米拉继续在她制作好的"佳美馨装饰——联系我们"网页中创建各种特殊的超链接，主要包括锚点超链接、电子邮件超链接、空链接和脚本链接等。本任务的参考效果如图4-20所示。

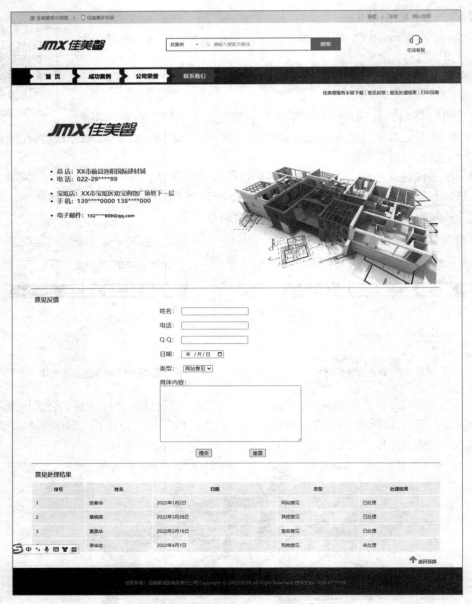

图4-20 "佳美馨装饰——联系我们"网页

素材所在位置 素材文件\项目四\任务二\lxwm.html

效果所在位置 效果文件\项目四\任务二\lxwm.html

一、任务描述

（一）任务背景

  网页中的超链接除了可以实现跳转到其他网页的功能，还能实现跳转到网页中的特定位置、发送电子邮件、下载文件、执行JavaScript脚本等功能。在完成本任务时，灵活使用特殊形式的超链接可以使网页的功能更加强大，让用户可以快捷地完成一些操作，进而提高用户的使用体验。

（二）任务目标

（1）能够掌握创建锚点超链接的方法。

（2）能够掌握创建文件下载超链接的方法。

（3）能够掌握创建电子邮件超链接的方法。

（4）能够掌握创建空链接的方法。

（5）能够掌握创建脚本链接的方法。

二、相关知识

在使用锚点超链接、文件下载超链接、电子邮件超链接等时，需要先对它们有一定的了解，再掌握它们的创建方法。

（一）认识锚点超链接

如果一个网页中的内容较多，用户想快速定位到所需浏览的位置较为困难，这时可以在相应的位置（如各个标题）处插入锚点，或者为处于该位置的对象（如文本或图像等）设置ID属性，再创建指向这些锚点或对象的超链接，这样这些超链接就可以直接定位到锚点或对象所在的位置。

1. 插入锚点

插入锚点的方法为：在"代码"视图中，将插入点定位到要插入锚点的位置，然后输入"<a name="锚点名称"></a>"，如图4-21所示。

2. 设置对象ID

选择要设置ID的对象，在"属性"面板的"ID"文本框中输入ID，也可以在"代码"视图中为对应的标签添加"id="ID""文本，如图4-22所示。

图4-21　插入锚点

图4-22　设置对象ID

3. 创建锚点超链接

锚点超链接有两种形式，一种是指跳转到当前网页中的锚点，需要在"属性"面板的"链接"文本框中先输入一个"#"符号，再输入要跳转的锚点名称，如图4-23所示。另一种是指跳转到其他网页中的锚点，需要在"属性"面板的"链接"文本框中先输入要链接的网址和一个"#"符号，再输入要跳转的锚点名称，如图4-24所示。

图4-23　跳转到当前网页中的锚点

图4-24　跳转到其他网页中的锚点

（二）认识文件下载超链接

超链接链接的目标不仅可以是网页文件，还可以是其他格式的文件。当链接的目标是可以在浏览器中显示的文件（如.txt、.gif、.jpg、.pdf等格式的文件）时，会直接在浏览器中显示；当链接的目标是一些不能在浏览器中显示的文件（如.zip、.rar、.exe等格式的文件）时，会将链接的文件下载到本地计算机。不同浏览器的下载界面各有不同，图4-25所示为Microsoft Edge浏览器的下载界面。

图4-25　Microsoft Edge浏览器的下载界面

创建文件下载超链接的方法与创建其他超链接的一样，在"设计"视图中选择需要创建链接的文本，然后在"属性"面板的"链接"文本框中输入或选择要下载文件的路径，如图4-26所示。

图4-26　创建文件下载超链接

（三）认识电子邮件超链接

单击电子邮件超链接将启动系统默认的电子邮件程序，并自动新建一封收件人为指定电子邮件地址的邮件，如图4-27所示。

图4-27　电子邮件超链接

创建电子邮件超链接主要有以下3种方法。

- **通过菜单或"插入"面板创建**：将插入点定位到需要创建电子邮件超链接的位置，选择"插入""HTML""电子邮件链接"命令或在"插入"面板中单击☒ 电子邮件链接按钮，打开"电子邮件链接"对话框，在该对话框中输入链接文本和电子邮件地址，单击 确定 按钮，如图4-28所示。
- **通过HTML代码创建**：在"代码"视图中的\<body\>\</body\>标签中输入"\<a href="mailto:电子邮件地址"\>链接文本\</a\>"，如图4-29所示。

图4-28　"电子邮件链接"对话框　　　　　图4-29　通过HTML代码创建

- 通过"属性"面板创建：选择要创建电子邮件超链接的文本，在"属性"面板的"链接"文本框中输入"mailto:电子邮件地址"，如图4-30所示。

图4-30　通过"属性"面板创建

（四）认识空链接

单击空链接可以直接跳转到页面顶部，选择要创建空链接的文本或图像，在"属性"面板的"链接"文本框中输入"#"创建空链接，如图4-31所示。

图4-31　创建空链接

（五）认识脚本链接

通过脚本链接可以执行一段JavaScript脚本，以实现各种不同的功能。创建脚本链接的方法主要有以下两种。

- 通过"属性"面板创建：选择要添加脚本链接的文本或图像后，在"属性"面板的"链接"文本框中输入"javascript:脚本程序代码"，如"javascript:alert('Hello World.');"，单击该脚本链接后将弹出一个提示对话框并显示"Hello World."文本，如图4-32所示。

图4-32　创建脚本链接

- 通过事件属性创建：选择要添加脚本链接的文本或图像后，在"属性"面板的"链接"文本框中输入"#"创建空链接，然后切换到"代码"视图，在超链接的<a>标签中添加事件属性，如onClick、onDblClick、onMouseOut、onMouseOver等，再将属性值设置为脚本程序代码，这样不同的操作可以实现不同的功能。如"<a href="#" onClick="alert('你单击了超链接。');" onDblClick="alert('你双击了超链接。');">"，这样单击超链接将显示"你单击了超链接。"，双击超链接将显示"你双击了超链接。"。

三、任务实施

（一）创建锚点超链接

下面为"佳美馨装饰——联系我们"网页创建"意见反馈"和"意见处理结果"锚点超链接，具体操作如下。

（1）打开"lxwm.html"网页文件，选择页面左侧中间位置的"意见

微课视频
创建锚点超链接

反馈"文本，在"属性"面板的"ID"文本框中输入"a1"，如图4-33所示。

（2）选择页面左侧下方位置的"意见处理结果"文本，在"属性"面板的"ID"文本框中输入"a2"，如图4-34所示。

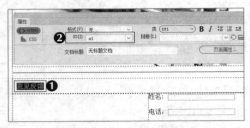

图4-33　设置"意见反馈"ID　　　　　　　图4-34　设置"意见处理结果"ID

（3）选择页面右上方的"意见反馈"文本，在"属性"面板的"链接"文本框中输入"#a1"，如图4-35所示。

（4）选择页面右上方的"意见处理结果"文本，在"属性"面板的"链接"文本框中输入"#a2"，如图4-36所示。

图4-35　创建"意见反馈"锚点超链接　　　　图4-36　创建"意见处理结果"锚点超链接

（二）创建文件下载超链接和电子邮件超链接

下面为"佳美馨装饰——联系我们"网页创建"佳美馨服务手册下载"文件下载超链接和电子邮件超链接，具体操作如下。

微课视频

创建文件下载
超链接和电子邮
件超链接

（1）选择页面右上方的"佳美馨服务手册下载"文本，在"属性"面板中单击"链接"文本框右侧的"浏览文件"按钮，在打开的"选择文件"对话框中选择"佳美馨服务手册.zip"文件，单击　确定　按钮，创建"佳美馨服务手册下载"文件下载超链接，如图4-37所示。

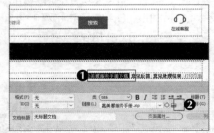

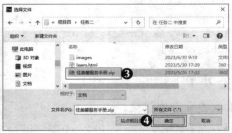

图4-37　创建文件下载超链接

（2）将插入点定位到"电子邮件："文本右侧，在"插入"面板中单击⊠　电子邮件链接　按钮，打开"电子邮件链接"对话框，在其中设置"文本"和"电子邮件"都为"182****909@qq.com"，单击 确定 按钮，创建电子邮件链接，如图4-38所示。

图4-38　创建电子邮件链接

（三）创建脚本链接和空链接

下面为"佳美馨装饰——联系我们"网页创建"打印页面"脚本链接和"返回顶部"空链接，具体操作如下。

（1）选择页面右上方的"打印页面"文本，在"属性"面板中的"链接"文本框中输入"javascript:window.print();"，创建"打印页面"脚本链接，如图4-39所示。

（2）选择页面右下方的↑图像和"返回顶部"文本，在"属性"面板的"链接"文本框中输入"#"，创建"返回顶部"空链接，如图4-40所示。

图4-39　创建脚本链接

图4-40　创建空链接

（3）按"Ctrl+S"组合键保存文件，完成本任务。

实训一　制作"中国皮影——网站地图"网页

【实训要求】

本实训的要求是制作"中国皮影——网站地图"网页，在其中插入文本超链接、图像超链接和图像热点超链接，完成后的效果如图4-41所示。

素材所在位置　素材文件\项目四\实训一\wzdt.html
效果所在位置　效果文件\项目四\实训一\wzdt.html

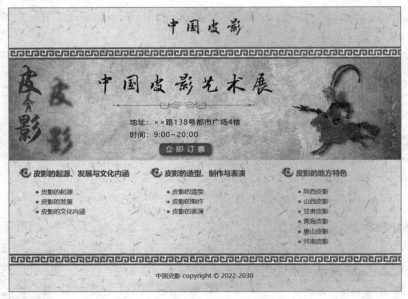

图4-41 "中国皮影——网站地图"网页效果

【实训思路】

要完成本实训，首先应为最上方的"中国皮影"Logo图像创建图像超链接，然后为Banner图像中的 立即订票 按钮创建图像热点超链接，最后为各栏目中的文本创建文本超链接。

【步骤提示】

完成本实训的主要步骤包括创建图像超链接、创建图像热点超链接，以及创建文本超链接，如图4-42所示。

① 创建图像超链接　　　　② 创建图像热点超链接　　　　③ 创建文本超链接

图4-42 制作"中国皮影——网站地图"网页的主要步骤

（1）打开"wzdt.html"网页文件。

（2）选择网页最上方的"中国皮影"Logo图像，在"属性"面板的"链接"文本框中输入"index.html"。

（3）选择网页中的Banner图像，在"属性"面板中单击"矩形热点工具"按钮□，然后沿着 立即订票 按钮的边缘绘制一个矩形热点。

（4）在"属性"面板的"链接"文本框中输入"ljdp.html"，在"目标"下拉列表框中选择"new"选项。

（5）选择"皮影的起源"文本，在"属性"面板的"链接"文本框中输入"pydqy.html"。

（6）使用相同的方法为其他类似文本创建文本超链接。

（7）按"Ctrl+S"组合键保存文件，完成本实训。

实训二　制作"中国皮影——皮影的制作流程"网页

【实训要求】

本实训的要求是制作"中国皮影——皮影的制作流程"网页，通过锚点超链接和空链接实现网页内部各个部分的跳转，完成后的效果如图4-43所示。

素材所在位置　素材文件\项目四\实训二\pydzzlc.html

效果所在位置　效果文件\项目四\实训二\pydzzlc.html

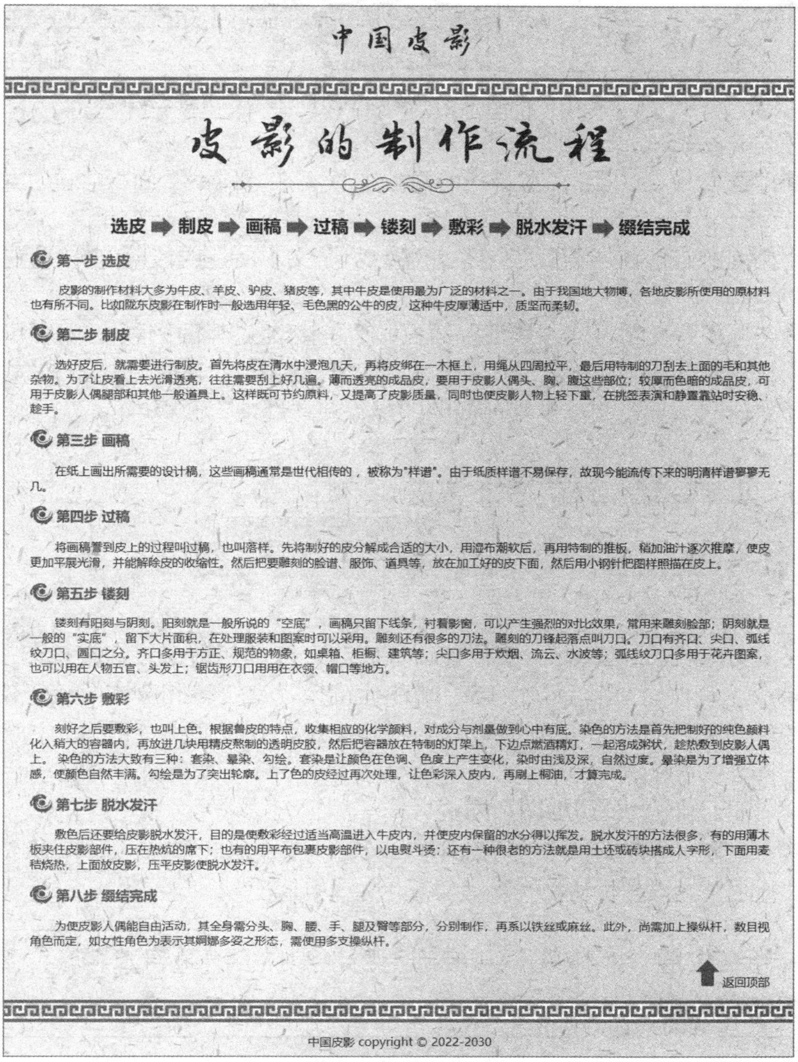

图4-43　"中国皮影——皮影的制作流程"网页效果

【实训思路】

本网页内容较多，可以通过锚点超链接使用户可以方便地跳转到所需浏览的位置，再通过空链接快速返回网页顶部。

【步骤提示】

完成本实训的主要步骤包括插入锚点、创建锚点超链接，以及创建空链接，如图4-44所示。

制作"中国皮影——皮影的制作流程"网页

① 插入锚点

② 创建锚点超链接

③ 创建空链接

图4-44　制作"中国皮影——皮影的制作流程"网页的主要步骤

（1）打开"pydzzlc.html"网页文件。

（2）选择"第一步 选皮"文本及其前面的图标，在"属性"面板中的"ID"文本框中输入"no1"。

（3）使用相同的方法将"第二步"～"第八步"文本所在的段落的ID设置为"no2"～"no8"。

（4）选择"选皮"文本，在"属性"面板的"链接"文本框中输入"#no1"。

（5）使用相同的方法为其他步骤的文本创建"#no2"～"#no8"锚点超链接。

（6）选择"返回顶部"文本及其前面的图标，在"属性"面板中的"链接"文本框中输入"#"。

（7）按"Ctrl+S"组合键保存文件，完成本实训。

课后练习

本项目主要介绍了在网页中创建各种超链接的方法，包括创建文本超链接、图像超链接、锚点超链接、文件下载超链接、电子邮件超链接、空链接和脚本链接等的知识。本项目内容是制作网页的基础，设计者应认真学习和掌握，并将知识灵活运用到各种网页的制作中。

练习1：制作"购鞋网——公司地图"网页

本练习要求制作"购鞋网——公司地图"网页，要完成此任务，需要创建文本超链接、图像超链接以及图像热点超链接。参考效果如图4-45所示。

素材所在位置　素材文件\项目四\课后练习\公司地图
效果所在位置　效果文件\项目四\课后练习\公司地图\gsdt.html

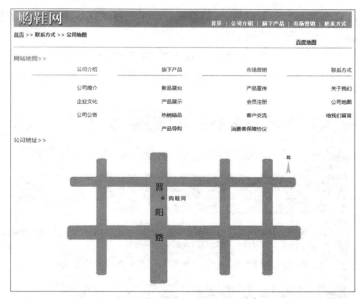

图4-45 "购鞋网——公司地图"网页效果

操作要求如下。

- 打开"gsdt.html"网页文件。
- 为"首页"文本，创建链接到"index.html"网页文件的文本超链接。
- 为网页上方的Banner图像创建链接到"gsjj.html"网页文件的图像超链接。
- 为网页右上方的"百度地图"创建链接到百度地图网址的外部超链接。
- 使用"矩形热点工具"□为Banner图像创建5个矩形热点，并分别框住"首页""公司介绍""旗下产品""市场营销""联系方式"文本。
- 为这5个矩形热点分别创建链接到"index.html""gsjj.html""4xcp.html""scyx.html""lxfs.html"网页文件的图像热点超链接。

练习2：制作"购鞋网——给我们留言"网页

本练习要求制作"购鞋网——给我们留言"网页，重点练习插入锚点超链接、电子邮件超链接、文件下载超链接等，参考效果如图4-46所示。

素材所在位置　素材文件\项目四\课后练习\给我们留言
效果所在位置　效果文件\项目四\课后练习\给我们留言\gwmly.html

操作要求如下。

- 打开"gwmly.html"网页文件。
- 为"网站意见>>"文本创建一个名为"wangzhan"的锚点，为"网站意见"文本创建链接到"wangzhan"锚点的超链接。
- 为"购物意见>>"文本创建一个名为"gouwu"的锚点，为"购物意见"文本创建链接到"gouwu"锚点的超链接。
- 为"客服意见>>"文本创建一个名为"kefu"的锚点，为"客服意见"文本创建链接到"kefu"锚点的超链接。

- 为"其他意见>>"文本创建一个名为"qita"的锚点，为"其他意见"文本创建链接到"qita"锚点的超链接。
- 为"给我们发送电子邮件"文本创建电子邮件超链接。
- 为"购物流程文件下载"文本创建链接到"购物流程.rar"素材文件的文件下载超链接。

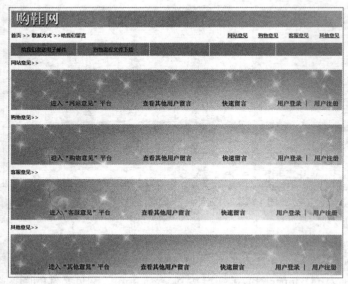

图4-46　"购鞋网——给我们留言"网页效果

技巧提升

1. 检查超链接

一个站点中通常包括多个页面，每个页面中又包含许多的超链接。当页面中的超链接很多时，可通过检查超链接的方法来检查页面链接是否存在问题。方法为：选择"站点""站点选项""检查站点范围的链接"命令，Dreamweaver将打开"链接检查器"面板，检查页面中是否存在有问题的超链接，如图4-47所示。

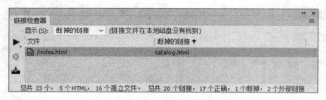

图4-47　检查超链接

2. 修复超链接

检查完超链接之后，可通过"链接检查器"面板快速打开网页文件并修复超链接。方法为：在"链接检查器"面板中选择要修改的链接，单击鼠标右键，在弹出的快捷菜单中选择"打开文件"命令，如图4-48所示，将打开链接所在的文件，并自动选择要修改的链接，然后在"属性"面板中重新输入正确的链接。

图4-48 修复超链接

3. 自动更新超链接

如果本地站点内的文件发生移动或重命名时，可通过Dreamweaver设置自动更新指向该文件的超链接。方法为：选择"编辑""首选项"命令，打开"首选项"对话框，选择"常规"选项，在右侧的"移动文件时更新链接"下拉列表框中选择"总是"选项，单击 应用 按钮，如图4-49所示。"移动文件时更新链接"下拉列表框中各个选项的含义如下。

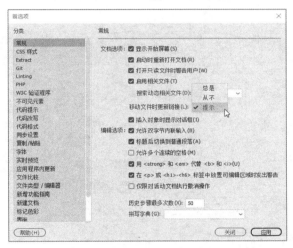

图4-49 "首选项"对话框

- **"总是"**：当用户移动或重命名文件时，会自动更新指向该文件的所有超链接。
- **"从不"**：当用户移动或重命名文件时，不更新指向该文件的所有超链接。
- **"提示"**：当用户移动或重命名文件时，将打开"更新文件"对话框，列出所有需要更新的文件，如图4-50所示，单击 更新(U) 按钮可更新这些文件中的链接，单击 不更新(D) 按钮将保留原文件不变。

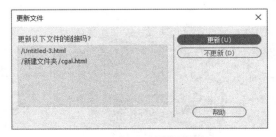

图4-50 "更新文件"对话框

4. 在站点范围内更改超链接

如果要将网站中指向某个文件的所有超链接都修改为指向另一个文件，手动修改会非常烦琐并且容易遗漏，这时可以使用Dreamweaver提供的"改变站点范围的链接"功能一次性修改。方法为：选择"站点""站点选项""改变站点范围的链接"命令，打开"更改整个站点链接"对话框，在"更改所有的链接"文本框中输入需要更改的链接，在"变成新链接"文本框中输入更改后的链接，如图4-51所示。单击 确定(O) 按钮，在打开的"更新文件"对话框中单击 更新(U) 按钮即可一次性更新这些超链接。

图4-51 "更改整个站点链接"对话框

项目五
布局网页

情景导入

　　完成"佳美馨装饰——网站地图"网页和"佳美馨装饰——联系我们"网页后，老洪继续让米拉制作"佳美馨装饰——公司荣誉"网页和"佳美馨装饰"首页，并要求米拉在制作时使用合适的网页布局方法。

学习目标

- 掌握创建 CSS 样式的方法
- 掌握使用 div+CSS 盒子模型布局网页的方法

- 掌握响应式布局的方法

素养目标

- 提高在网页设计方面的审美能力
- 提高网页布局能力

任务一　使用div+CSS盒子模型布局"佳美馨装饰——公司荣誉"网页

老洪让米拉制作"佳美馨装饰——公司荣誉"网页。为了使网站的整体风格更加统一，以及后期维护更加方便，米拉决定使用div+CSS盒子模型来布局网页，完成后的效果如图5-1所示。

素材所在位置	素材文件\项目五\任务一\gsry.html
效果所在位置	效果文件\项目五\任务一\gsry.html

图5-1　"佳美馨装饰——公司荣誉"网页

一、任务描述

（一）任务背景

本任务将制作"佳美馨装饰——公司荣誉"网页，要完成此任务，需要使用CSS来控制网页中各网页元素的样式，以及使用div+CSS盒子模型来布局网页。

（二）任务目标

（1）掌握创建CSS样式的方法。

（2）掌握使用div+CSS盒子模型布局网页的方法。

二、相关知识

使用CSS样式不但可以控制网页的整体风格，还可以减少重复的工作量。同时，配合div+CSS盒子模型还可以很方便地对网页进行布局。

（一）认识CSS样式

CSS（Cascading Style Sheets，串联样式表）是一种用来表现HTML文件或XML文件等的样式的计算机语言，常见的版本是CSS3。CSS能够用于精确控制网页中各元素的样式及位置，并进行初步的交互设计。

1. CSS语法规则

CSS语法规则由选择器和声明（大多数情况下为包含多个声明的代码块）两部分组成。选择器用于标识要设置样式的网页元素的术语（如标签、类名或ID等），声明则用于定义样式属性。在图5-2所示的代码中，body为选择器，用于选择 <body> 标签，{}中的内容为声明块。图中代码表示 <body></body> 标签内的所有内容的"外边距"为"0"，"内边距"为"0"，"字号"为"12px"，"字体"为"宋体"，"行高"为"18px"，"背景颜色"为"#F00"。

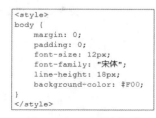

```
<style>
body {
    margin: 0;
    padding: 0;
    font-size: 12px;
    font-family: "宋体";
    line-height: 18px;
    background-color: #F00;
}
</style>
```

图5-2　CSS语法规则

2. CSS样式的类型

根据选择器的不同，可以将CSS样式分为多种类型，其中较为常用的有以下6种。

● **标签CSS样式**：标签CSS样式的选择器（即标签选择器）指向某种HTML标签，如body、p、div等，可以为网页中所有这种标签的网页元素设置样式。

● **类CSS样式**：类CSS样式的选择器（即类选择器）的书写方式为"."加上类名称，如.top、.tit1、.active等，可以为网页中所有Class属性为指定类名称的网页元素应用样式。

● **ID CSS样式**：ID CSS样式的选择器（即ID选择器）的书写方式为"#"加上ID，如#top、#tit1、#active等，可以为网页中所有ID属性为指定ID的网页元素应用样式。

● **群组CSS样式**：群组CSS样式的选择器（即群组选择器）由多个选择器组成，中间以半角逗号","隔开，如"body,p,.top,#tit1"。当有多个标签选择器、类选择器或ID选择器所选网页元素的样式相同时，可以使用群组选择器，这样可以避免重复定义，减少代码量，提高网页的性能。

● **后代CSS样式**：后代CSS样式的选择器（即后代选择器）由多个选择器组成，中间以空格隔开，左侧选择器是右侧选择器的父选择器。使用后代CSS样式时将先按照父选择器确定选择范围，再在这个范围内按照子选择器确定选择范围，如"#no1 p"选择器，将先选择网页中所有ID属性为"no1"的标签，再选择这些标签内部的 <p> 标签。

● **伪类样式**：伪类样式是利用 <a> 标签中的伪类选择器来设置超链接在不同状态下的样式，包括a:link、a:visited、a:hover、a:active这4种。其中，a:link为未访问时的状态；a:visited为已访问时的状态；a:hover为鼠标指针悬停时的状态；a:active为按下鼠标按键时的状态。

3. CSS样式的书写位置

CSS样式按照书写位置的不同可以分为外部样式、内部样式和行内样式3种。

● **外部样式**：外部样式是指将CSS样式书写在扩展名为.css的文件中，然后在网页文件中使用链接或导入的方式引入外部CSS文件，如图5-3和图5-4所示。使用外部CSS样式的优点是使网页内容和样式分离，可以减小网页文件的大小，加快访问速度。另外，外部CSS文件可以在多个网页中使用，以便同时修改多个网页的样式。

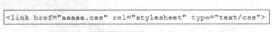

```
<link href="aaaaa.css" rel="stylesheet" type="text/css">
```

图5-3　通过链接引入外部CSS文件

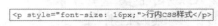

```
<style type="text/css">
@import url("bbbbb.css");
</style>
```

图5-4　通过导入引入外部CSS文件

- **内部样式：** 内部样式是指在网页文件的<style>标签中写入CSS代码，如图5-5所示。
- **行内样式：** 行内样式是指为标签增加"style"属性，然后在属性值中写入CSS代码，如图5-6所示。

```
<style type="text/css">
p {
    font-size: 16px;
    font-family: "微软雅黑";
    text-decoration: none;
}
</style>
```

图5-5　内部样式

```
<p style="font-size: 16px;">行内CSS样式</p>
```

图5-6　行内样式

（二）"CSS设计器"面板

CSS样式的使用离不开"CSS设计器"面板，因此在学习CSS样式之前，有必要先了解"CSS设计器"面板的用法。选择"窗口""CSS设计器"命令或按"Shift+F11"组合键打开"CSS设计器"面板，如图5-7所示，在其中可以进行添加CSS源、添加CSS选择器等操作。

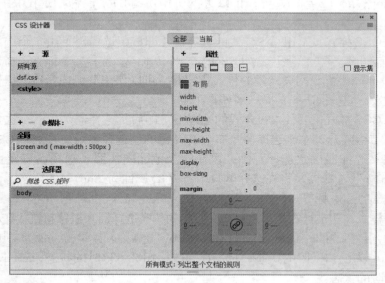

图5-7　"CSS设计器"面板

1. 添加CSS源

在"CSS设计器"面板中的"源"栏中单击"添加CSS源"按钮➕，打开图5-8所示的下拉列表，在其中选择"创建新的CSS文件"选项，在打开的"创建新的CSS文件"对话框

中可以新建一个空白的CSS文件，并将其作为CSS源，如图
5-9所示。在图5-8所示的下拉列表中选择"附加现有的CSS
文件"选项，在打开的"使用现有的CSS文件"对话框中可
以选择一个已经存在的CSS文件作为CSS源，如图5-10所
示。在图5-8所示的下拉列表中选择"在页面中定义"选项，
将在当前网页文件中添加<style>标签，并将其作为CSS源。

图5-8 "添加CSS源"按钮

图5-9 "创建新的CSS文件"对话框

图5-10 "使用现有的CSS文件"对话框

2. 添加CSS选择器

在"CSS设计器"面板中添加CSS选择器的方法为：在"源"栏中选择某个CSS源，然
后在"选择器"栏中单击"添加选择器"按钮**＋**，在出现的文本框中输入所需的选择器，然
后按"Enter"键添加CSS选择器，如图5-11所示。

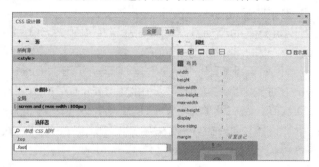

图5-11 添加CSS选择器

（三）CSS样式的属性

通过CSS样式可以设置网页元素的布局、文本、边框、
背景等的样式，这些样式可以在"CSS设计器"面板的"属
性"栏中进行设置。

1. 布局属性

在"CSS设计器"面板的"属性"栏中单击"布局"
按钮，则可在"属性"栏中显示关于布局的属性及属性
值，如图5-12所示。

"布局"列表框中相关选项的含义如下。

* width（宽度）：用于设置网页元素的宽度，可以
  设置为auto（自动）、具体长度（如100px）、百
  分比（如50%）和inherit（继承）等。
* height（高度）：用于设置网页元素的高度。

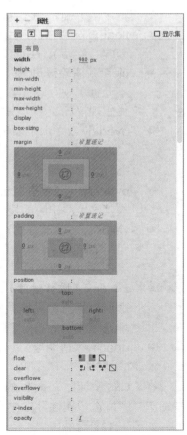

图5-12 "布局"列表框

- min-width（最小宽度）：用于设置网页元素的最小宽度。
- min-height（最小高度）：用于设置网页元素的最小高度。
- max-width（最大宽度）：用于设置网页元素的最大宽度。
- max-height（最大高度）：用于设置网页元素的最大高度。
- display（显示）：用于设置网页元素的显示方式，常用的属性值有inline（默认值，作为行内元素显示）、block（作为块级元素显示）、none（不显示）等。
- box-sizing（元素大小）：用于设置网页元素边框的显示位置，设置为content-box（默认值）时，边框显示在网页元素的外侧，最终尺寸为网页元素的原始尺寸加边框粗细；设置为border-box（边框元素）时，边框显示在网页元素的内侧，最终尺寸为网页元素的原始尺寸。
- margin（外边距）：用于设置网页元素的外边距，可以设置1～4个值。设置1个值时，同时设置上、下、左、右外边距；设置2个值时，第1个值为上、下外边距，第2个值为左、右外边距；设置3个值时，第1个值为上外边距，第2个值为左、右外边距，第3个值为下外边距；设置4个值时，4个值分别对应上、右、下、左外边距。
- padding（内边距）：用于设置网页元素内边距。
- position（定位方式）：用于设置网页元素的定位方式，有absolute（相对于父元素进行定位）、fixed（相对于浏览器窗口进行定位）、relative（相对于正常显示位置进行定位）、static（默认值，不改变显示位置）等属性值。
- float（浮动方式）：用于设置网页元素的浮动方向，有left（元素向左浮动）、right（元素向右浮动）、none（默认值，元素不浮动）等属性值。
- clear（清除浮动）：用于设置网页元素两侧是否允许出现浮动元素，有left（左侧不允许出现浮动元素）、right（右侧不允许出现浮动元素）、both（左右两侧都不允许出现浮动元素）、none（默认值，左右两侧都允许出现浮动元素）等属性值。
- overflow-x（水平溢出）：用于设置网页元素内容在其宽度溢出时的显示方式，有visible（显示所有内容，内容可能会显示在内容框之外）、hidden（隐藏溢出内容）、scroll（显示滚动条）等属性值。
- overflow-y（垂直溢出）：用于设置网页元素内容在其高度溢出时的显示方式。
- visibility（显示方式）：用于设置网页元素是否可见，有visible（默认值，元素可见）、hidden（元素不可见）等属性值。
- z-index（堆叠顺序）：用于设置网页元素的堆叠顺序。拥有更高堆叠顺序的网页元素总是会处于堆叠顺序较低的元素的前面。
- opacity（透明度）：设置网页元素的透明级别。

2. 文本属性

在"CSS设计器"面板的"属性"栏中单击"文本"按钮，则可在"属性"栏中显示关于文本的属性及属性值，如图5-13所示。

"文本"列表框中相关选项的含义如下。

图5-13 "文本"列表框

- color（颜色）：单击"设置颜色"按钮☑，可以在打开的"颜色"面板中，用吸管工具🖊设置文本的颜色，也可单击其后灰色的文本，直接输入颜色值。

- font-family（字体）：用于设置文本字体，可在打开的下拉列表中选择字体。

- font-style（字体格式）：用于设置文本的特殊字体格式，有normal（正常）、italic（斜体）和oblique（偏斜体）等属性值。

- font-variant（字体变形）：用于设置文本的字体变形方式，有normal（正常）、small-caps（小型大写字母）等属性值。

- font-weight（字体粗细）：用于设置文本的字体粗细程度，可直接输入粗细值，也可指定绝对粗细程度，如使用bolder或lighter来得到比父元素文本更粗或更细的文本。

- font-size（字号）：用于设置文本的字号，可以通过选择默认字号或直接输入具体字号的方法进行设置。

- line-height（行高）：用于设置文本的行与行之间的距离，可直接输入行高值。

- text-align（文本对齐）：用于设置文本在水平方向上的对齐方式。

- text-decoration（文本修改）：用于设置文本的修饰效果，有none（无）、underline（下划线）、overline(上划线)、line-through（删除线）等属性值。

- text-indent（文本缩进）：用于设置文本首行缩进的距离，可以输入负值，但某些浏览器不支持输入负值。

- h-shadow、v-shadow（水平阴影、垂直阴影）：用于设置文本的水平阴影或垂直阴影效果。

- blur（柔化）：用于设置文本阴影的模糊效果。

- text-transform（文本大小写）：用于设置英文文本的大小写形式，有capticalize（首字母大写）、uppercase（大写）和lowercase（小写）等属性值。

- letter-spacing（字符间距）：用于调整字符之间的间距。

- word-spacing（单词间距）：用于设置单词与单词之间的空隙。

- white-space（空格）：用于设置处理空格的方式，包括normal（正常）、pre（保留）和nowrap(不换行)3个属性值，如果使用normal，则会将多个空格显示为1个空格；如果使用pre，则以文本本身的格式显示空格和回车符；如果使用nowrap，则以文本本身的格式显示空格，但不显示回车符。

- vertical-align（垂直对齐）：用于调整页面元素的垂直位置。

- list-style-position（列表位置）：用于设置列表项的换行位置，包括inside和outside两个属性值。

- list-style-image（列表图像）：用于设置以图像作为无序列表的项目符号。

- list-style-type（列表类型）：用于设置无序列表或有序列表前显示的标记的类型，有disc（实心圆●）、circle（空心圆○）、decimal（数字1、2、3……）、decimal-leading-zero(以0开头的数字01、02、03……)等属性值。

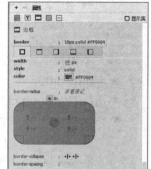

图5-14 "边框"列表框

3. 边框属性

在"CSS设计器"面板的"属性"栏中单击"边框"按钮▣，则可在"属性"栏中显示关于边框的属性及属性值，如图5-14所示。

"边框"列表框中相关选项的含义如下。

- border（边框）：用于设置边框的属性。
- width（宽度）：用于设置上、右、下、左边框的宽度。
- style（样式）：用于设置边框样式，其中none（默认）属性值表示使用默认样式；dotted（点）属性值表示使用点边框样式；dashed（虚线）属性值表示使用虚线边框样式；solid（实线）属性值表示使用实线边框样式；double（双实线）属性值表示使用双实线边框样式；groove（凹槽）属性值表示使用凹槽边框样式；ridge（脊形）属性值表示使用脊形边框样式；inset（嵌入）属性值表示使用立体嵌入形状的边框样式；outset（外嵌）属性值表示使用立体外嵌形状的边框样式。
- color（颜色）：用于设置上、右、下、左边框的颜色。
- border-radius（边框半径）：用于设置圆角边框的半径值。
- border-collapse（边框折叠）：用于设置边框是否被合并为单一的边框，或是分开显示。
- border-spacing（边框间距）：用于指定边框中单元格边界之间的距离。在指定的两个值时，第一个表示水平间距，第二个则表示垂直间距。但该属性必须在应用了border-collapse后才能被使用，否则浏览器直接忽略该属性。

4. 背景属性

在"CSS设计器"面板的"属性"栏中单击"背景"按钮，则可在"属性"栏中显示关于背景的属性及属性值，如图5-15所示。

"背景"列表框中相关选项的含义如下。

图5-15 "背景"列表框

- background-color（背景颜色）：用于设置背景颜色。
- background-image（图像路径）：用于设置背景图像的路径，即背景图像的来源。
- URL（路径）：用于设置背景图像的路径。
- gradient（渐变）：单击"设置背景图像渐变"按钮，在打开的"颜色"面板中可以设置背景图像的渐变效果。
- background-position（背景位置）：用于设置背景图像相对于应用样式的元素的水平位置或垂直位置，其属性值可以是直接输入的准确数值，也可以是left（左对齐）、right（右对齐）、center（居中对齐）或top（顶部对齐）。另外，该属性可以有两个属性值，也可以有一个属性值。如果为一个属性值，则表示同时应用于垂直和水平位置；如果为两个属性值，则第一个表示水平位置的偏移量，第二个表示垂直位置的偏移量。
- background-size（尺寸）：用于设置背景图像的尺寸。
- background-clip（剪裁）：用于设置背景图像的绘制区域。
- background-repeat（重复）：用于设置背景图像的重复方式，包括no-repeat（不重复）、repeat（重复）、repeat-x（水平重复）和repeat-y（垂直重复）4个属性值，效果如图5-16所示。
- background-origin（起点）：用于设置背景图像的起点位置。

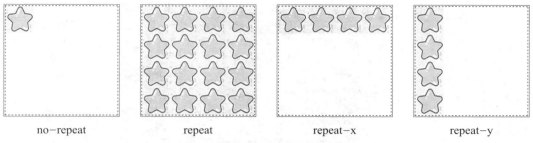

no–repeat   repeat   repeat–x   repeat–y

图5-16　设置背景图像的重复方式

- **background-attachment（背景固定）：**用于设置背景图像是随对象内容滚动还是固定的。如果选择fixed属性值，则表示固定；如果选择scroll属性值，则表示滚动。
- **h-shadow、v-shadow（水平阴影、垂直阴影）：**用于设置背景图像的水平阴影或垂直阴影效果。
- **blur（柔化）：**用于设置网页元素的模糊效果。
- **spread（扩散）：**用于设置容器的阴影大小。
- **color（颜色）：**用于设置容器的阴影颜色。
- **inset（嵌入）：**用于将容器的阴影设置为内部阴影。

（四）应用CSS样式

在网页中应用CSS样式的方式主要有以下3种。

- **通过标签选择器应用：**通过标签选择器将定义的CSS样式应用到对应的标签上。
- **通过ID选择器应用：**通过ID选择器将定义的CSS样式应用到设置了对应ID属性的标签上，通常情况下一个网页中的ID属性值不能重复。
- **通过类选择器应用：**通过类选择器将定义的CSS样式应用到设置了对应Class属性的标签上，在设置Class属性时可以写入多个类，如<div class="button active">首页</div>，这样可以同时应用"button""active"两个类的样式。

（五）认识div+CSS盒子模型

div+CSS盒子模型是网页布局的常用工具，div承载的是结构，CSS则对页面的布局、元素等进行精确控制。div+CSS盒子模型实现了结构和外观的分离，相较于表格布局，该模型更便于后期对网页进行修改、维护等。

1. div+CSS盒子模型

div+CSS盒子模型是指将每个div当作一个可以装东西的盒子，如图5-17所示，盒子里面的内容到盒子的边框之间的距离为填充（padding），盒子本身有边框（border），盒子边框外与其他盒子之间的距离为边距（margin）。每个边框或边距，又可分为上、下、左、右4个部分，如margin-bottom表示盒子的下边距。在设置div大小时需要注意，一个div的实际宽度为左边距+左边框+左填充+内容宽度+右填充+右边框+右边距，实际高度为上边距+上边框+上填充+内容高度+下填充+下边框+下边距。盒子是使用div+CSS盒子模型布局时非常重要的工具，只有掌握了盒子和其中每个元素的使用方法，才能正确布局网页中各个元素的位置。

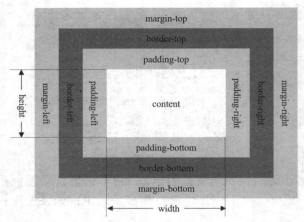

图5-17　div+CSS盒子模型

图5-18所示为一个标准的div+CSS盒子模型布局，左侧为代码，右侧为效果图。其中最外层的右斜线区域为边距区域，深色边框为边框区域，左斜线区域为填充区域，内部的图片区域为内容区域。

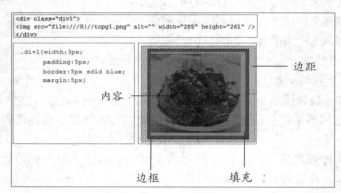

图5-18　div+CSS盒子模型布局

2. div+CSS盒子模型的优点

使用div+CSS盒子模型布局网页的优点主要体现在以下4个方面。

- **网页加载速度更快**：div是松散的盒子，使用div+CSS盒子模型布局的网页，可以一边加载一边显示网页内容，从而有效提高加载速度，而使用表格布局的网页必须将整个表格加载完成后才能显示出网页内容。
- **修改效率更高**：使用div+CSS盒子模型布局的网页，其外观与结构是分离的，当需要修改网页的外观时，只需要修改CSS样式。
- **搜索引擎更容易检索**：由于div+CSS盒子模型布局的网页的外观与结构是分离的，搜索引擎在检索这样的网页时，可以不考虑结构而只专注内容，因此更容易检索。
- **站点更容易被访问**：使用div+CSS盒子模型布局的网页，可使站点更容易被浏览器和用户访问。

（六）利用div+CSS盒子模型布局网页

在Dreamweaver中能够快速地插入＜div＞标签并为它应用现有的CSS样式。方法为：将插入点定位到在“文档”窗口中要插入＜div＞标签的位置，然后选择“插入 ＞ HTML ＞

Div"命令或者在"插入"面板的"HTML"类别中单击 Div 按钮，在打开的"插入Div"对话框中设置"插入""Class"或"ID"选项，单击 确定 按钮完成设置，如图5-19所示。

图5-19 "插入Div"对话框

"插入Div"对话框中相关选项的含义如下。

- **"插入"下拉列表框**：用于设置插入<div>标签的位置及方式。
- **"Class"下拉列表框**：用于设置插入的<div>标签的类样式。
- **"ID"下拉列表框**：用于设置插入的<div>标签的ID属性。
- **新建 CSS 规则 按钮**：单击 新建 CSS 规则 按钮，可以打开"新建CSS规则"对话框，为插入的<div>标签创建CSS样式。

三、任务实施

（一）创建并应用标签CSS样式

下面在"佳美馨装饰——公司荣誉"网页中创建并应用标签CSS样式，具体操作如下。

（1）打开"gsry.html"网页文件，选择"窗口""CSS设计器"命令，打开"CSS设计器"面板。

（2）在"源"栏中单击"添加CSS源"按钮+，在打开的下拉列表中选择"在页面中定义"选项，创建"<style>"源。

（3）选择新建的"<style>"源，在"选择器"栏中单击"添加选择器"按钮+，在出现的文本框中输入"body"文本并按"Enter"键，创建"body"标签CSS样式。

（4）选择新建的"body"标签CSS样式，在"属性"栏中单击"布局"按钮，设置"margin"为"0px"，如图5-20所示。

（5）创建"h1"标签CSS样式，在"属性"栏中单击"文本"按钮，设置"color"为"#C10000"，"font-family"为"微软雅黑"，"text-indent"为"24px"，如图5-21所示。

图5-20 创建"body"标签CSS样式

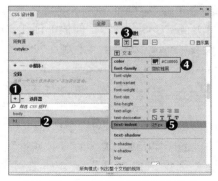

图5-21 创建"h1"标签CSS样式

（6）在"属性"栏中单击"边框"按钮▣，再单击"底部"按钮▣，然后设置"width"为"2px"，"style"为"solid"，如图5-22所示。

（7）在"CSS设计器"面板中创建"p"标签CSS样式，在"属性"栏中设置"margin"为"0px"，"font-size"为"14px"，"line-height"为"24px"，"text-indent"为"28px"，如图5-23所示。

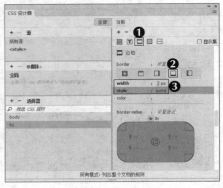
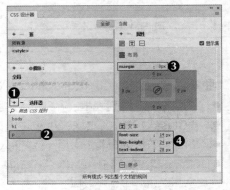

图5-22　设置"h1"标签CSS样式的边框属性　　　　图5-23　创建"p"标签CSS样式

（8）创建的"body""h1""p"标签CSS样式将自动应用到<body>、<h1>和<p>标签上，效果如图5-24所示。

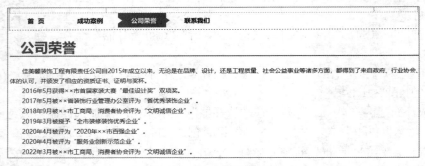

图5-24　应用标签CSS样式

（二）创建并应用ID CSS样式

下面在"佳美馨装饰——公司荣誉"网页中创建并应用ID CSS样式，具体操作如下。

（1）在"CSS设计器"面板中创建"#logo1"ID CSS样式，在"属性"栏中设置"color"为"#C10000"，"font-family"为"Impact,Haettenschweiler, Franklin Gothic Bold,Arial Black,sans-serif"，"font-style"为"italic"，"font-weight"为"900"，"font-size"为"40px"，如图5-25所示。

微课视频

创建并应用ID
CSS样式

（2）在"CSS设计器"面板中创建"#logo2"ID CSS样式，在"属性"栏中设置"color"为"#7E7E7E"，"font-style"为"italic"，"font-size"为"38px"，如图5-26所示。

（3）选择"JMX"文本，在"属性"面板中设置"ID"为"logo1"，如图5-27所示。

（4）选择"佳美馨"文本，在"属性"面板中设置"ID"为"logo2"，如图5-28所示。

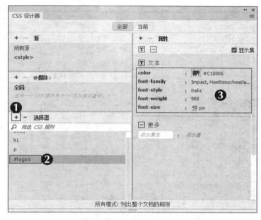

图5-25 创建"#logo1"ID CSS样式

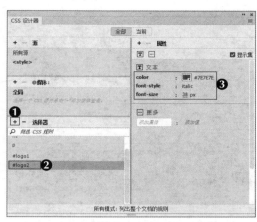

图5-26 创建"#logo2"ID CSS样式

图5-27 应用"logo1"ID CSS样式

图5-28 应用"logo2"ID CSS样式

（三）创建并应用类CSS样式

下面在"佳美馨装饰——公司荣誉"网页中创建并应用类CSS样式，具体操作如下。

微课视频

创建并应用类
CSS样式

（1）在"CSS设计器"面板中创建".main"类样式，在"属性"栏中单击"布局"按钮，设置"width"为"1080px"，"margin-left"为"auto"，"margin-right"为"auto"，如图5-29所示。

（2）在"CSS设计器"面板中创建".top"类样式，在"属性"栏中单击"布局"按钮，设置"width"为"100%"，"height"为"35px"，"color"为"#969696"，"font-size"为"12px"，"background-color"为"#E6E6E6"，如图5-30所示。

（3）在"CSS设计器"面板中创建".navigate"类样式，在"属性"栏中设置"width"为"100%"，"height"为"47px"，"padding-top"为"10px"，"background-color"为"#323232"，如图5-31所示。

（4）在"CSS设计器"面板中创建".feet"类样式，在"属性"栏中设置"width"为"100%"，"padding-top"为"10px"，"padding-bottom"为"10px"，"color"为"#D5D5D5"，"font-size"为"12px"，"text-align"为"center"，"background-color"为"#323232"，如图5-32所示。

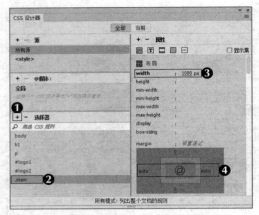

图5-29　创建".mian"类样式

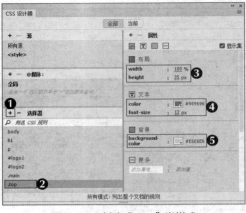

图5-30　创建".top"类样式

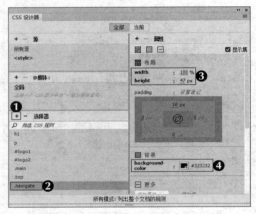

图5-31　创建".navigate"类样式

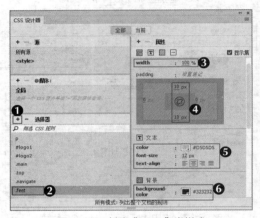

图5-32　创建".feet"类样式

（5）在"CSS设计器"面板中创建".right"类样式，在"属性"栏中设置"float"为"right"，如图5-33所示。

（6）在"CSS设计器"面板中创建".imgs"类样式，在"属性"栏中设置"padding"为"10px"，"text-align"为"center"，如图5-34所示。

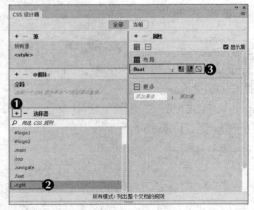

图5-33　创建".right"类样式

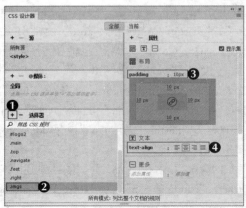

图5-34　创建".imgs"类样式

（7）将插入点定位到"佳美馨手机版"文本后面，在下方的状态栏中选择最后一个
<div>标签，然后在"属性"面板中设置"Class"为"main"，如图5-35所示。

（8）在标签选择器中选择第一个<div>标签，在"属性"面板中设置"Class"为"top"，
如图5-36所示。

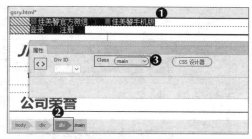

图5-35　应用"main"类样式

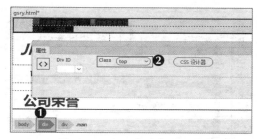

图5-36　应用"top"类样式

（9）将插入点定位到"注册"文本后面，在状态栏中选择最后一个<div>标签，然后在
"属性"面板中设置"Class"为"right"，如图5-37所示。

（10）将插入点定位到"佳美馨"文本后面，在状态栏中选择第一个<div>标签，然后在
"属性"面板中设置"Class"为"main"，如图5-38所示。

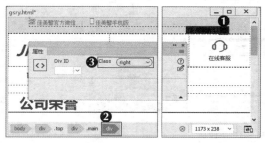

图5-37　应用"right"类样式

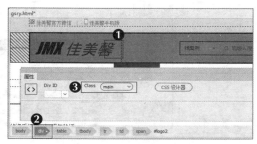

图5-38　应用"main"类样式

（11）将插入点定位到"联系我们"图像后面，在状态栏中选择最后一个<div>标签，在
"属性"面板中设置"Class"为"main"，如图5-39所示。

（12）在状态栏中选择第一个<div>标签，在"属性"面板中设置"Class"为
"navigate"，如图5-40所示。

图5-39　应用"main"类样式

图5-40　应用"navigate"类样式

（13）将插入点定位到"公司荣誉"文本后面，在状态栏中选择<div>标签，在"属性"面板中设置"Class"为"main"，如图5-41所示。

（14）将插入点定位到奖杯、奖状图像前面，在状态栏中选择最后一个<div>标签，在"属性"面板中设置"Class"为"imgs"，如图5-42所示。

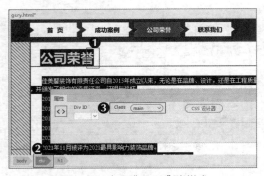

图5-41 应用"main"类样式

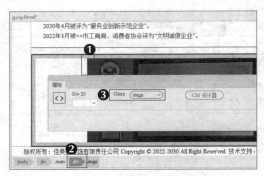

图5-42 应用"imgs"类样式

（15）将插入点定位到"移动版"文本后面，在状态栏中选择<div>标签，在"属性"面板中设置"Class"为"feet"，如图5-43所示。

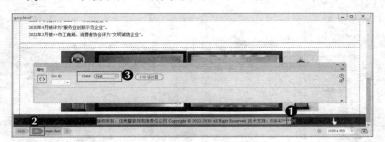

图5-43 应用"feet"类样式

（四）创建并应用后代CSS样式

下面在"佳美馨装饰——公司荣誉"网页中创建并应用后代CSS样式，具体操作如下。

（1）在"CSS设计器"面板中创建".imgs img"后代CSS样式，在"属性"栏中设置"margin"为"10px"，如图5-44所示。

微课视频

创建并应用后代
CSS样式

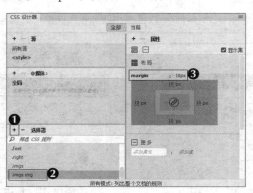

图5-44 创建".imgs img"后代CSS样式

（2）创建的".imgs img"样式将自动应用到Class属性为"imgs"的标签下的<img>标签中，如图5-45所示。

图5-45　应用".imgs img"后代CSS样式

任务二　使用响应式布局制作"佳美馨装饰"首页

现在使用手机、平板电脑上网的用户越来越多，客户需要"佳美馨装饰"首页在这些移动设备上也能正常显示，于是米拉决定使用响应式布局来制作"佳美馨装饰"首页。本任务的参考效果如图5-46所示。

PC端的显示效果　　　　　　　　　　　　　　　　手机端的显示效果

图5-46　"佳美馨装饰"首页

素材所在位置　素材文件\项目五\任务二\index.html
效果所在位置　效果文件\项目五\任务二\index.html

一、任务描述

（一）任务背景

随着移动互联网的不断发展，人们访问网页的工具不再只是计算机，还有平板电脑和手机等移动设备。移动设备屏幕的分辨率有很多种，且其宽度通常比计算机显示器的要小很多，因此普通的网页在移动设备上会被缩放得很小，不利于用户浏览。

为了解决这个问题，本任务需要使用响应式布局来制作"佳美馨装饰"首页，以根据屏幕宽度自动调整网页的布局，这样通过一套代码就能使网页在不同宽度的屏幕上都能正常显示。

（二）任务目标

（1）了解响应式布局的基础知识。

（2）掌握设置视口的方法。

（3）掌握添加媒体查询的方法。

二、相关知识

在使用响应式布局之前，需要先了解认识响应式布局、设置视口、添加媒体查询等的相关知识。

（一）认识响应式布局

响应式布局是伊桑·马科特（Ethan Marcotte）在2010年5月提出的一个概念，指一个网站能够兼容多种终端设备，而不用为每种终端设备制作一个特定的版本。

响应式布局可以为不同终端设备的用户提供更舒适的界面和更好的用户体验。随着各种移动设备的普及，响应式布局的使用也越来越普遍，它的优点如下。

- 响应式布局可用于不同设备，灵活性强。
- 响应式布局能快速解决多设备显示自适应问题。

（二）设置视口

大多数移动端的浏览器会自动缩放网页，以使网页的宽度符合屏幕的宽度。要实现响应式布局，首先需要设置视口（view port），让浏览器将屏幕的宽度作为视图宽度并禁止初始缩放。

设置视口的方法为：在 <head> 标签中加入一个 <meta> 标签，并在其中输入如下内容。

<meta name="viewport" content="width=device-width, initial-scale=1, maximum-scale=1, user-scalable=no">

其中各参数的含义如下。

- width=device-width：将视图宽度设置为屏幕宽度。
- initial-scale=1：页面初始缩放比例为1。
- maximum-scale=1：页面最大缩放比例为1。
- user-scalable=no：禁用缩放。

（三）添加媒体查询

媒体查询是响应式设计的核心，它可以为网页中的元素在不同屏幕分辨率下设置不同的CSS样式。

1．媒体查询的语法结构

媒体查询的基本语法结构如下。

@media screen and (min-width: 最小宽度) and (max-width: 最大宽度){

    CSS样式

}

当屏幕的宽度处于设置的最小宽度和最大宽度之间时，将使用对应的CSS样式；而当最小宽度为0时，可以省略最小宽度部分，即：

@media screen and (max-width:最大宽度){

    CSS样式

}

2．添加媒体查询的方法

把媒体查询添加在CSS样式中，可以在\<style\>标签或CSS文件中直接写入，也可以通过"CSS设计器"面板或者标尺栏添加。

通过"CSS设计器"面板添加媒体查询的方法为：在"CSS设计器"面板的"源"栏中选择要添加媒体查询的源，然后单击"@媒体："栏中的"添加媒体查询"按钮➕，打开"定义媒体查询"对话框，在"条件"栏中添加相应的条件后，单击 确定 按钮添加媒体查询。返回"CSS设计器"面板，在"@媒体："栏中选择新建的媒体查询，然后在"选择器"栏中单击"添加选择器"按钮➕，可以创建该媒体查询下的CSS样式，如图5-47所示。

图5-47　通过"CSS设计器"面板添加媒体查询

> **知识补充**
>
> ### "@媒体："栏中的"全局"选项
>
> 在"@媒体："栏中选择"全局"选项，可以定义全局CSS样式，全局CSS样式在所有屏幕分辨率下都起作用。通常情况下，应先在全局模式下定义所有的CSS样式，然后在不同的媒体查询下重新定义有变化的CSS样式。

通过标尺栏添加媒体查询的方法为：切换到"实时"视图，单击标尺栏中的▼按钮，在打开的面板中设置"min-width"和"max-width"的值，然后单击 确定 按钮即可添加媒体查询，如图5-48所示。

图5-48　通过标尺栏添加媒体查询

在打开面板中第一个下拉列表框的下拉列表中有"min-width""max-width""min-max" 3个选项，选择"min-width"选项，只能设置min-width"的值；选择"max-width"选项，只能设置max-width"的值；选择"min-max"选项，可以同时设置"min-width"和"max-width"的值。在最后一个下拉列表框的下拉列表中有"在页面中定义"（如果网页文件没有<style>标签）、"<style>"（如果网页文件有<style>标签）和"创建新的CSS文件" 3个选项，选择"在页面中定义"或"<style>"选项，将在当前网页文件中添加媒体查询；选择"创建新的CSS文件"选项，将新建一个CSS文件，并在其中添加媒体查询。

> **职业素养**　对于一个优秀的网页设计师而言，优秀的网页设计的精髓在于精致的细节，网页设计中的细节处理可以体现一个网页设计师的设计水平。比如在背景上添加渐变效果、线条，或者添加小图，这样的细节处理可以让网页更加赏心悦目。

三、任务实施

（一）设置视口并添加媒体查询

下面为"佳美馨装饰"首页设置视口，并添加@media (max-width: 900px)媒体查询，具体操作如下。

（1）打开"index.html"网页文件，切换到"代码"视图，在"<meta charset="utf-8">"下方输入"<mate name="viewport" content="width=device-width,initial-scale=1,maximum-scale=1,user-scalable=no">"，如图5-49所示。

微课视频

设置视口并添加
媒体查询

```
1    <!doctype html>
2  ▼ <html>
3  ▼ <head>
4    <meta charset="utf-8">
5    <mate name="viewport" content="width=device-width,initial-scale=1,maximum-scale=1,user-scalable=no">
6    <title>无标题文档</title>
7  ▼ <style>
8  ▼     body {
9          margin: 0px;
10 }
11 ▼ #bts {
12         text-align: right;
```

图5-49　设置视口

（2）切换到"实时"视图，单击标尺栏中的▽按钮，在打开的面板中的第一个下拉列表框中选择"max-width"选项，设置"max-width"为"900px"；在最后一个下拉列表框中选择"<style>"选项，单击 确定 按钮，如图5-50所示。

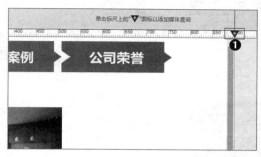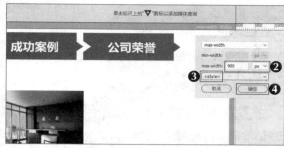

图5-50　添加媒体查询

（二）添加CSS样式并预览效果

下面在"佳美馨装饰"首页中添加CSS样式，并预览效果，具体操作如下。

（1）切换到"代码"视图，在<style>标签内可以看到添加的媒体查询代码，如图5-51所示。

（2）在<style>下方输入全局CSS样式代码，如图5-52所示。

微课视频

添加CSS样式并预览效果

```
6    <title>无标题文档</title>
7 ▼ <style>
8    @media (max-width: 900px){
9    }
10   </style>
11   </head>
12 ▼ <body>
```

图5-51　媒体查询代码

```
▼ <style>
▼ body {
        margin: 0px;
}
▼ #bts {
        text-align: right;
        margin-top: 10px;
        margin-bottom: 10px;
}
▼ #bts img {
        width: 150px;
}
▼ #img1, #img2, #logo2, #logo1 {
        width: 50%;
        float: left;
}
▼ #img1 img, #logo1 img, #img2 img, #logo2 img {
        width: 100%;
}
▼ #feet {
        background-color: #404040;
        float: left;
        width: 100%;
        text-align: center;
        color: lightgrey;
}
▼ #feet p {
        margin: 20px;
}

@media (max-width: 900px) {
}
</style>
```

图5-52　输入全局CSS样式代码

（3）在"实时"视图中拖曳页面右侧边框调整页面的宽度，可以看到整个网页内容的宽度会随着页面宽度的变化而自动变化，如图5-53所示。

（4）在"代码"视图中"@media (max-width: 900px){"下方输入页面宽度小于900px时

的CSS样式代码，如图5-54所示。

<table>
<tr><td>

```
35    }
36 ▼ @media (max-width: 900px){
37 ▼     #img1, #img2, #logo2, #logo1 {
38         width: 100%;
39     }
40 ▼ #bts img {
41     width: 25%;
42   }
43 ▼ #feet{
44     font-size:0.5em;
45   }
46   }
47   </style>
48   </head>
49
```
</td></tr>
</table>

图5-53　调整页面宽度 图5-54　输入CSS样式代码

（5）调整页面宽度使其小于900px，可以看到整个页面布局由横排变为了竖排，如图5-55所示。

图5-55　调整页面宽度使其小于900px

实训一　制作"中国皮影——皮影的地方特色"网页

【实训要求】

本实训要求使用div+CSS盒子模型布局"中国皮影——皮影的地方特色"网页，完成后的效果如图5-56所示。

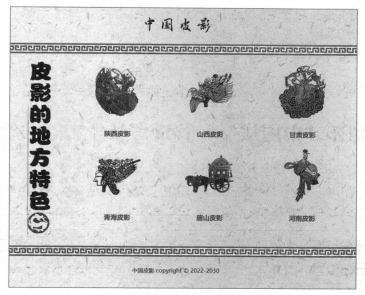

图5-56 "皮影的地方特色"网页效果

素材所在位置 素材文件\项目五\实训一\pyddfts.html
效果所在位置 效果文件\项目五\实训一\pyddfts.html

【实训思路】

本实训使用div+CSS盒子模型来进行布局，需要先将网页中的各部分内容分别放置在多个<div>标签中，然后通过CSS样式来控制这些<div>标签的大小、位置、边距等属性。

【步骤提示】

要完成本实训，应首先在网页中创建多个<div>标签，并将网页元素分别放置在这些<div>标签中，然后创建并应用所需的CSS样式。其主要步骤如图5-57所示。

制作"中国皮影——皮影的地方特色"网页

① 创建<div>标签　　　② 创建CSS样式　　　③ 应用CSS样式

图5-57 制作"中国皮影——皮影的地方特色"网页的主要步骤

（1）打开"pyddfts.html"网页文件。

（2）根据需要在网页中添加多个<div>标签，并在其中添加相应的网页元素。

（3）根据需要创建标签CSS样式、类CSS样式、ID CSS样式等多种类型的CSS样式。

（4）根据需要为各个<div>标签添加Class属性或ID属性，以应用对应的CSS样式。

（5）按"Ctrl+S"组合键保存文件，完成本实训。

实训二　制作"中国皮影"首页

【实训要求】

本实训要求使用响应式布局来制作"中国皮影"首页，使其能自动根据屏幕宽度改变网页的布局，完成后的效果如图5-58所示。

素材所在位置　素材文件\项目五\实训二\index.html
效果所在位置　效果文件\项目五\实训二\index.html

图5-58　"中国皮影"首页

【实训思路】

本实训需要使用响应式布局来布局网页，通过媒体查询为不同宽度的屏幕设置不同的CSS样式，以实现根据屏幕宽度自动调整网页布局的目的。

【步骤提示】

完成本实训的主要步骤包括设置视口、添加媒体查询，以及创建并应用CSS样式，如图5-59所示。

微课视频

制作"中国皮影"首页

（1）打开"index.html"网页文件。

（2）切换到"代码"视图，在"<meta charset="utf-8">"下方输入"<mate name="viewport" content="width=device-width,initial-scale=1,maximum-scale=1,user-scalable=no">"代码，设置视口。

（3）在"<title>无标题文档</title>"下方插入<style></style>标签，并在其中输入"@media (max-width: 776px) {}"，添加媒体查询。

（4）在"@media (max-width: 776px) {}"上方输入全局CSS样式代码。

（5）在"@media (max-width: 776px) {}"的"{}"内部输入屏幕宽度小于776px时的CSS样式代码。

（6）为各网页元素添加相应的Class属性或ID属性，应用CSS样式。

（7）按"Ctrl+S"组合键保存文件，完成本实训。

① 设置视口　　　　　　② 添加媒体查询　　　　　　③ 创建并应用CSS样式

图5-59　制作"中国皮影"首页的主要步骤

课后练习

本项目主要介绍了网页布局的方法，包括认识CSS样式、"CSS设计器"面板、CSS样式的属性、认识div+CSS盒子模型、利用div+CSS盒子模型布局网页、认识响应式布局、设置视口、添加媒体查询等。对于本项目的内容，读者应重点掌握CSS样式的属性设置、使用div+CSS盒子模型布局网页的方法以及使用响应式布局制作网页的方法。

练习1：制作"购鞋网——消费者保障协议"网页

本练习要求制作"购鞋网——消费者保障协议"网页，需要使用div+CSS盒子模型来布局网页。参考效果如图5-60所示。

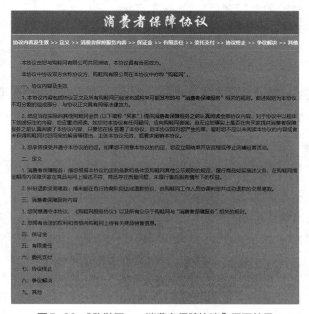

图5-60　"购鞋网——消费者保障协议"网页效果

素材所在位置 素材文件＼项目五＼课后练习＼消费者保障协议＼xfzbz.html
效果所在位置 效果文件＼项目五＼课后练习＼消费者保障协议＼xfzbz.html

操作要求如下。

- 打开"xfzbz.html"网页文件，并在网页中插入"top""above""middle""low"4个 <div> 标签。
- 在各个 <div> 标签中输入相应的内容。
- 为各个 <div> 标签定义并应用CSS样式。

练习2：制作"购鞋网——热销精品"网页

本练习要求使用响应式布局来制作"购鞋网——热销精品"网页，重点练习添加媒体查询、设置CSS样式等，参考效果如图5-61所示。

 素材所在位置 素材文件＼项目五＼课后练习＼热销精品＼rxjp.html
效果所在位置 效果文件＼项目五＼课后练习＼热销精品＼rxjp.html

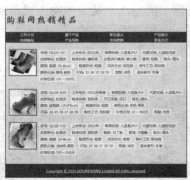
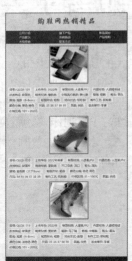

图5-61 "购鞋网——热销精品"网页效果

操作要求如下。

- 打开"rxjp.html"网页文件。
- 在"代码"视图中设置视口。
- 创建外部CSS文件"ys01.css"。
- 定义全局CSS样式。
- 添加"@media (max-width:900px)"媒体查询，并设置屏幕宽度小于900px时的CSS样式。
- 添加"@media (max-width:600px)"媒体查询，并设置屏幕宽度小于600px时的CSS样式。

技巧提升

1. HTML5 结构元素

在 Dreamweaver 中，不仅可以单独插入 <div>，还可以使用 HTML5 元素插入有结构的 <div>，即 HTML5 结构元素，包括画布、页眉、标题、段落、导航、侧边、文章、章节、页脚和图等。

- **画布（<canvas>）**：是一种动态的图形容器，在其中可以绘制路径、矩形、圆形，输入字符和添加图像等，并且 <canvas> 包含 ID、height 和 width 等属性。
- **页眉（<header>）**：主要用于定义网页文档的页眉，在网页文档中表现为信息介绍部分。
- **标题（<hgroup>）**：通常结合 <h1> ～ <h6> 元素作为整个网页或内容块的标题，并且在 <hgroup> 标签中还可用 <section> 标签，表示标题下方的章节。
- **段落（<p>）**：主要用于定义网页中文本的段落。
- **导航（）**：主要用于定义网页的导航链接部分。
- **侧边（<aside>）**：主要用于定义文章以外的内容，并且侧边的内容应该与文章中的内容相关。
- **文章（<article>）**：主要用于定义独立的内容，如论坛帖子、博客条目以及用户评论等。
- **章节（<section>）**：主要用于定义文档中的各个部分或区域，如标题、段落、画布或文档中的其他部分。
- **页脚（<footer>）**：主要用于定义网页文档的页脚内容，如版权信息。
- **图（<figure>）**：主要用于规定独立的流内容，如图像、图表、照片或代码等，并且图的内容应与主内容相关，如果被删除，也不会影响文档流。另外，还可使用 <figcaption> 标签来定义图的标题。

插入 HTML5 结构元素的方法为：在"插入"面板中选择"HTML"选项，再单击要插入的 HTML5 结构元素的对应按钮即可，图 5-62 所示为 HTML5 结构元素布局示意。

图 5-62　HTML5 结构元素布局示意

2. Web 2.0 标准

Web 2.0 标准是指依据六度分隔、XML、AJAX（Asynchronous JavaScript and XML，异步 JavaScript 和 XML 技术）等理论和技术实现的新一代互联网模式。Web 2.0 标准主要由结构、表现和行为 3 部分组成，对应的标准包括结构化标准语言、表现标准语言和行为标准。

- **结构化标准语言**：结构化标准语言主要包括XML和XHTML（Extensible Hypertext Markup Language，可扩展超文本标记语言）。HTML有固定的标签，而XML允许用户定义自己的标签。XHTML是根据XML的规则进行适当扩展得到的，目的在于实现从HTML向XML的顺利过渡。

- **表现标准语言**：表现标准语言（如CSS）可用于控制HTML或XML标签的表现形式。W3C推荐使用CSS布局方法，以使Web网页更加简单，结构更加清晰。

- **行为标准**：行为标准主要包括DOM和ECMAScript等。DOM（Document Object Model，文档对象模型），是浏览器、网页和语言的一种接口。ECMAScript是基于JavaScript的一种标准脚本语言，也是一种基于对象的语言，可以操作网页上的任何对象，包括增加、删除、移动、改变对象，这样可以使网页的交互性大大提高。

项目六
使用模板和库

情景导入

  为了增加网站的吸引力，需要制作大量的成功案例栏目网页，这些栏目网页的结构都是类似的。鉴于米拉已经完成了"佳美馨装饰——成功案例"栏目网页的制作，老洪将其他栏目网页的制作工作也交给了她。米拉发现使用模板和库来制作类似结构的页面可以节省不少时间，于是准备创建模板和库，对模板和库进行修改后，同步更新所有应用了模板和库的网页。

学习目标

- 掌握创建模板的方法
- 掌握编辑模板的方法
- 掌握应用模板的方法

- 掌握创建库项目的方法
- 掌握编辑库项目的方法
- 掌握插入库项目的方法

素养目标

- 提高对模板的分析与应用能力
- 提高对库的分析与应用能力
- 激发对研究提高设计效率的方法的兴趣

任务一　使用模板制作"原木简约风三居室装修案例"网页

　　成功案例栏目中的网页结构都是相同的，为了提高工作效率，老洪让米拉先制作一个"案例展示"模板，再利用"案例展示"模板制作"原木简约风三居室装修案例"网页，参考效果如图6-1所示。

素材所在位置　素材文件\项目六\任务一\alzs.html、images\
效果所在位置　效果文件\项目六\任务一\alzssl.html

图6-1　"原木简约风三居室装修案例"网页

一、任务描述

（一）任务背景

　　在很多网站中可以发现，网站的许多页面都有很多相同的部分。如果重复制作这部分内容，不仅浪费时间，增加网页设计人员的工作量，而且后期维护也较为麻烦。这时，可将共同布局的部分创建为模板，以方便遇到相同的布局及元素时应用。在完成本任务时，就需要使用模板。

（二）任务目标

（1）掌握创建模板和编辑模板的方法。

（2）掌握应用模板的方法。

二、相关知识

模板是一类特殊的网页文件，使用模板可以快速创建大量结构相似的网页，从而提高制作效率。

（一）认识模板

大部分网页都会根据网站的性质统一整个网页格式，如将主页以某种形式显示，其他网页文件则需要标识要更换的内容和固定不变的内容，便于管理重复网页的框架，该种方式就会用到模板。

在网页中使用模板可以一次性修改多个文件。使用模板的网页，只要网页中的模板未删除，网页将始终与模板处于链接状态，即可通过修改模板来更改与模板关联的网页文件。

（二）创建模板

在Dreamweaver中创建模板的方法主要有两种，一种是将现有网页另存为模板；另一种是新建空白模板，在其中添加内容后，再将其保存为模板。

1. 将现有网页另存为模板

将制作好的网页另存为模板的方法为：在Dreamweaver中打开需要另存为模板的网页文件，选择"文件""另存为模板"命令，打开"另存模板"对话框，在"站点"下拉列表框中选择站点，在"另存为"文本框中输入模板名称，其他保持默认设置，然后单击 保存 按钮会打开"Dreamweaver"提示对话框，直接单击 是 按钮，如图6-2所示。返回网页文件中，在网页名称的位置会看到其扩展名变为".dwt"。

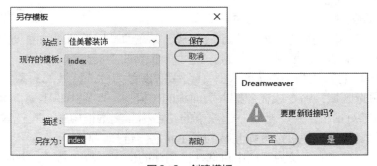

图6-2 创建模板

2. 新建模板

除了将现有网页另存为模板外，用户还可以直接新建模板，然后在其中进行编辑，方法为：选择"文件""新建"命令，在打开的"新建文档"对话框中选择"新建文档"选项卡，在"文档类型"栏中选择"HTML模板"选项，如图6-3所示，单击 创建(R) 按钮即可新建一个空白的模板文件。再在模板中像制作网页一样进行编辑，最后按"Ctrl+S"组合键，在打开的"另存模板"对话框中将模板保存到站点中。

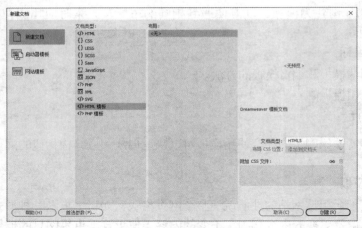

图6-3 "新建文档"对话框

（三）编辑模板

创建模板后需要进一步创建可编辑区域，这样才能在通过模板创建的网页文件中编辑指定内容。

1. 创建可编辑区域

可编辑区域是指模板中允许编辑的区域。对于通过模板创建的网页，只能修改可编辑区域中的内容。如果模板中未创建可编辑区域，则通过该模板创建的网页中的内容将无法进行修改。在模板文件中创建可编辑区域的方法为：将插入点定位到模板文件中允许进行编辑的位置，选择"插入""模板""可编辑区域"命令或在"插入"面板的"模板"类别中单击 可编辑区域 按钮，打开"新建可编辑区域"对话框，在"名称"文本框中输入名称，单击 确定 按钮，如图6-4所示。

图6-4 输入可编辑区域的名称

2. 创建可选区域

可通过定义条件控制可选区域的显示或隐藏，如在通过模板创建的网页中需要显示某图像，而在其他网页中却不需要显示该图像，就可以通过创建可选区域实现。

创建可选区域的方法为：在模板文件中选择需设置为可选区域的对象，然后选择"插入""模板""可选区域"命令或在"插入"面板的"模板"类别中单击 可选区域 按钮，打开"新建可选区域"对话框。在"基本"选项卡的"名称"文本框中输入可选区域的名称，选中"默认显示"复选框，使可选区域默认为显示状态。选择"高级"选项卡，选中"使用参数"单选按钮，在右侧的下拉列表框中可选择已创建的模板参数的名称，完成后单击 确定 按钮，创建可选区域，如图6-5所示。

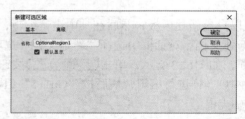 

图6-5 "新建可选区域"对话框

为可选区域设置条件

在 <head> 标签前添加代码，如"<!--TemplateParam name="banner" type= "boolean" value="true"-->"，其中"name"属性为模板参数的名称，"type"属性为模板参数的数据类型；"value"为模板参数的值，这样才能在"新建可选区域"对话框中选择需要使用的模板参数。

3. 创建重复区域

在模板中创建重复区域，可以将其中的内容重复显示任意次数。重复区域中的内容是不可编辑的，如果需要编辑，则可以在重复区域内插入可编辑区域。

创建重复区域的方法为：将插入点定位到模板文件中需要插入重复区域的位置，然后选择"插入""模板""重复区域"命令或在"插入"面板的"模板"类别中单击 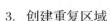 按钮，在打开的"新建重复区域"对话框的"名称"文本框中输入名称，完成后单击 确定 按钮，如图6-6所示。

4. 创建重复表格

重复表格可以创建包含重复行的表格式可编辑区域，提高创建相同可编辑区域的效率。创建重复表格的方法为：将插入点定位到需创建重复表格的位置，选择"插入""模板""重复表格"命令或在"插入"面板的"模板"类别中单击 重复表格 按钮，在打开的"插入重复表格"对话框中设置表格行列数、边距、间距、宽度和边框等相关属性，在"起始行"和"结束行"文本框中指定表格中的哪些行包含在重复区域中，在"区域名称"文本框中输入重复表格名称，完成后单击 确定 按钮，如图6-7所示。

图6-6 "新建重复区域"对话框

图6-7 "插入重复表格"对话框

5. 创建可编辑的可选区域

可选区域通常是无法编辑的，要想编辑可选区域，则需要创建可编辑的可选区域。方法为：在模板文件中设置模板参数，将插入点定位到需创建可编辑的可选区域的位置，然后选择"插入""模板""可编辑的可选区域"命令，打开"新建可选区域"对话框，设置好相关参数后，单击 确定 按钮。

（四）应用模板

在创建网站时，将共同的布局及元素创建为模板后，只需要将模板应用到创建的网页上，然后在可编辑区域中修改所需的网页元素即可创建新的页面，这大大提高了网站的制作效率。应用模板有以下3种方法。

- **从模板新建文档**：在Dreamweaver中选择"文件""新建"命令，打开"新建文档"对话框，选择"网站模板"选项卡，在"站点"栏中选择站点，在对应的"模板"栏中选择需要应用的模板，然后单击 创建(R) 按钮，如图6-8所示。

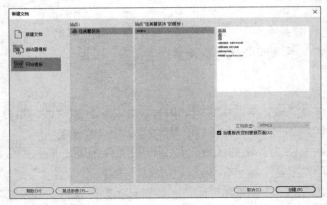

图6-8　从模板新建文档

- **为网页应用模板**：在Dreamweaver中打开需要应用模板的网页，选择"工具""模板""应用模板到页"命令，打开"选择模板"对话框，在"站点"下拉列表框中选择站点，在"模板"列表框中选择需要应用的模板，单击 选定 按钮，如图6-9所示。
- **在"资源"面板中应用模板**：在Dreamweaver中打开需要应用模板的网页，在"资源"面板中单击"模板"按钮 ，在项目列表中选择需要应用的模板文件，单击 应用 按钮，如图6-10所示。

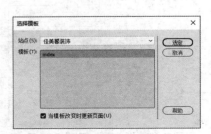

图6-9　为网页应用模板　　　　　　　　图6-10　在"资源"面板中应用模板

三、任务实施

（一）创建"案例展示"模板

下面将"案例展示"网页文件另存为模板，并在其中添加可编辑区域、重复表格，具体操作如下。

微课视频

创建"案例展示"模板

（1）打开"alzs.html"网页文件，选择"文件""另存为模板"命令，打开"另存模板"对话框，设置"站点"为"佳美馨装饰"，"描述"为"案例展示"，"另存为"为"案例展示"，单击 保存 按钮，如图6-11所示。

（2）选择"案例标题"文本，选择"插入""模板""可编辑区域"命令，打开"新建可编辑区域"对话框，在"名称"文本框中输入"标题"，单击 确定 按钮，如图6-12所示。

图6-11 "另存模板"对话框　　　　　　　　图6-12 新建"标题"可编辑区域

（3）选择"案例说明"文本，选择"插入""模板""可编辑区域"命令，打开"新建可编辑区域"对话框，在"名称"文本框中输入"案例说明"，单击 确定 按钮，如图6-13所示。

（4）将插入点定位到横线下方的<div>标签中，选择"插入""模板""重复表格"命令，打开"插入重复表格"对话框，设置"行数"为"1"、"列"为"3"、"单元格边距"为"0"、"单元格间距"为"0"、"宽度"为"100%"、"边框"为"0"、"起始行"为"1"、"结束行"为"1"、"区域名称"为"图片展示区域"，单击 确定 按钮，如图6-14所示。

图6-13 新建"案例说明"可编辑区域　　　　　图6-14 "插入重复表格"对话框

（5）创建"图片展示区域"重复表格，在表格的每个单元格中都有一个可编辑区域，如图6-15所示。

图6-15 创建"图片展示区域"重复表格

（6）分别在"EditRegion5""EditRegion6""EditRegion7"可编辑区域中插入"img.png"图片，并输入"图片说明"文本，如图6-16所示。

图6-16　插入图片并输入文本

（7）在状态栏中选择<tr>标签，然后在"属性"面板中单击"居中对齐"按钮，完成后的效果如图6-17所示。

图6-17　设置居中对齐

（8）按"Ctrl+S"组合键保存模板。

（二）从模板创建"原木简约风三居室装修案例"网页

下面将从模板创建"原木简约风三居室装修案例"网页，具体操作如下。

（1）选择"文件""新建"命令，打开"新建文档"对话框，选择"网站模板"选项卡，然后选择"佳美馨装饰"站点下的"案例展示"模板，单击 创建(R) 按钮，如图6-18所示。

微课视频

从模板创建"原木简约风三居室装修案例"网页

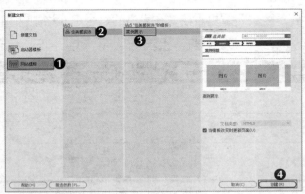

图6-18　从模板新建网页

（2）删除"标题"可编辑区域中的文本，然后输入"原木简约风三居室装修案例"，如图6-19所示。

（3）删除"案例说明"可编辑区域中的文本，然后输入案例的说明文本，如图6-20所示所示。

图6-19 修改"标题"可编辑区域　　　　图6-20 修改"案例说明"可编辑区域

（4）单击"重复：图片展示区域"后的 **+** 按钮，使重复表格增加一行，如图6-21所示。

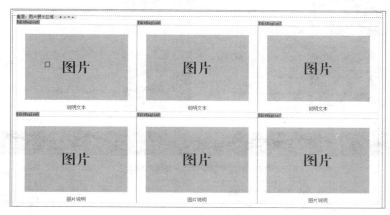

图6-21 使重复表格增加一行

（5）修改重复表格中的图片和说明文本，如图6-22所示。

图6-22 修改重复表格中的图片和说明文本

（6）按"Ctrl+S"组合键，在打开的"另存为"对话框中将网页保存为"alzssl.html"。

任务二　在"装修方案精选"网页中使用库

　　在"装修方案精选"网页中，每一个装修方案的布局结构都是相同的。为提高工作效率，老洪让米拉将"装修方案"制作成一个库项目，再制作"装修方案精选"网页。本任务的参考效果如图6-23所示。

图6-23 "装修方案精选"网页

素材所在位置	素材文件\项目六\任务二\zxfa.html、zxfajx.html、images\
效果所在位置	效果文件\项目六\任务二\zxfajx.html

一、任务描述

（一）任务背景

库是一种特殊的Dreamweaver文件（扩展名为.lbi），其中包含可放到网页中的一组资源或资源副本。库主要用于存放页面元素，如图像和文本等，这些元素能够被重复使用或频繁更新，统称为库项目。在制作"装修方案精选"网页时，应先创建并编辑库项目，然后在网页中的对应位置插入库项目。

知识补充	**模板与库的区别**

使用模板和库都可以提高网页制作效率，但不要将库和模板混淆。模板应用于整个网页，而库只应用于网页的局部内容。

（二）任务目标

（1）掌握创建库项目和编辑库项目的方法。

（2）掌握插入库项目的方法。

二、相关知识

要使用库项目来制作网页，需要先认识"资源"面板，并了解创建库项目、编辑库项目、插入库项目等相关知识。

（一）认识"资源"面板

"资源"面板是库项目的载体。选择"窗口""资源"命令，打开"资源"面板，单击左侧的"库"按钮 📖，面板中将显示库项目资源的相关内容，如图6-24所示。

图6-24 "资源"面板

知识补充

"资源"面板中的其他内容

除了库项目资源，"资源"面板中还包含站点中的其他资源，如图像、颜色、超链接、视频和模板等。通过单击该面板左侧相应的按钮，在面板右侧的界面中就可以查看、管理和使用对应的资源内容。

（二）创建库项目

在Dreamweaver中可以将已有网页元素创建为库项目，也可以先创建空白库项目，再在其中创建需要的网页元素。

1. 将已有网页元素创建为库项目

如果某些网页中已经包含可以创建为库项目的网页元素，可以将其直接转换为库项目，并保存在"资源"面板中。方法为：首先选择需要创建为库项目的网页元素，选择"工具""库""增加对象到库"命令或单击"资源"面板中的"新建库项目"按钮 📄，将在"资源"面板中增加一个库项目，此时其名称呈可编辑状态，修改名称后即可完成库项目的创建，如图6-25所示。

图6-25 将已有网页元素创建为库项目

2. 创建空白库项目

不选择任何网页元素，单击"资源"面板中的"新建库项目"按钮 ，可在"资源"面板中增加一个空白库项目，修改其名称后即可创建空白库项目。

（三）编辑库项目

创建的库项目可随时修改，只需在"资源"面板中选择需要修改的库项目，然后单击下方的"编辑"按钮 ，或双击库项目，在打开的库项目网页中进行修改，如图6-26所示，完成后保存并关闭网页。

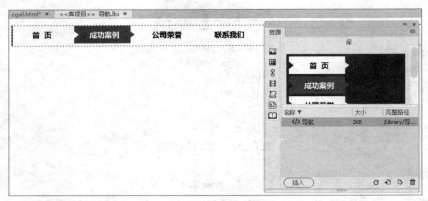

图6-26　编辑库项目

（四）插入库项目

创建好库项目后，可在任意网页中插入该库项目，其方法为：将插入点定位到要插入库项目的位置，在"资源"面板中选择要插入的库项目，然后单击 插入 按钮。

三、任务实施

（一）创建"装修方案"库项目

下面为zxfa.html中的内容创建"装修方案"库项目，具体操作如下。

（1）打开"zxfa.html"网页文件，选择网页中的表格，如图6-27所示。

（2）选择"窗口"/"资源"命令，打开"资源"面板，单击面板左侧的"库"按钮 。

（3）单击"新建库项目"按钮 ，将选择的内容创建为库项目，然后修改库项目的名称为"装修方案"，如图6-28所示。

图6-27　选择表格

图6-28　创建库项目

（二）在网页中添加库项目

下面在"装修方案精选"网页中添加库项目，具体操作如下。

微课视频

在网页中添加
库项目

（1）打开"zxfajx.html"网页文件，将插入点定位到要插入库项目的
<div>标签中。

（2）在其中插入一个2行2列、宽度为100%、单元格间距为20的表
格，如图6-29所示。

图6-29　插入表格

（3）将插入点定位到第1行第1列的单元格中，在"资源"面板中选择"装修方案"库
项目，单击 插入 按钮插入库项目，如图6-30所示。

（4）在插入的库项目上单击鼠标右键，在弹出的快捷菜单中选择"从源文件中分离"命
令，然后根据需要修改文本内容，如图6-31所示。

图6-30　插入库项目

图6-31　修改文本内容

（5）使用相同的方法在另外3个单元格中插入库项目，并修改图像和文本内容，如图
6-32所示。

图6-32　通过插入库项目添加其他装修方案

实训一 使用模板制作"中国皮影——陕西皮影"网页

【实训要求】

本实训要制作"中国皮影——陕西皮影"网页，要求先创建模板，再通过模板创建网页，完成后的效果如图6-33所示。

图6-33 "中国皮影——陕西皮影"网页效果

  素材所在位置 素材文件\项目六\实训一\dfts.html
效果所在位置 效果文件\项目六\实训一\sxpy.html

【实训思路】

"中国皮影——陕西皮影"网页是"中国皮影——皮影的地方特色"栏目下的一个网页，该栏目下的所有网页的页面布局都是相同的。在制作时可以先制作一个模板，将网页中需要修改的内容设置为可编辑区域，然后从模板新建网页并修改可编辑区域中的内容。

【步骤提示】

微课视频

使用模板制作
"中国皮影——
陕西皮影"网页

要完成本实训，首先需要将"dfts.html"网页文件另存为模板，然后在模板中添加可编辑区域，最后从模板新建网页并修改可编辑区域中的内容。其主要步骤如图6-34所示。

（1）打开"dfts.html"网页文件并将其另存为模板文件。

（2）选择"标题"文本和其左侧的图像，然后添加一个"标题"可编辑区域。

（3）选择"文本1"文本，然后添加一个"文本1"可编辑区域。

（4）选择"文本2"文本，然后添加一个"文本2"可编辑区域。

（5）选择"文本3"文本，然后添加一个"文本3"可编辑区域。

（6）按"Ctrl+S"组合键保存模板，然后从"地方特色"模板新建网页文件。

（7）修改可编辑区域的内容，然后将网页保存为"sxpy.html"网页文件。

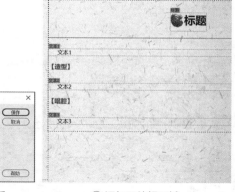

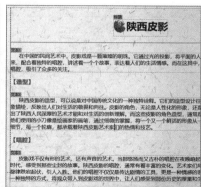

① 另存为模板　　　　　② 添加可编辑区域　　　　③ 从模板新建网页

图6-34　制作"中国皮影——陕西皮影"网页的主要步骤

职业素养　　　一名优秀的网页设计师，除了应熟练掌握各类设计软件的使用外，还需要具备以下几项能力。

管理能力：从整个项目出发，由大到小，由整到散，管理每一个工作细节，并能调动周围人的积极性。

协作能力：网页设计师职位不是一个单打独斗的职位，而是一个注重配合的职位，好的协作能力能让人事半功倍。

沟通能力：无论是与同事的日常交流还是为客户讲解设计作品，优秀的沟通能力能帮助网页设计师更好地进行工作。

逻辑思维能力：逻辑思维能力能影响一个人的思考方式，让其不轻易地受环境的干扰，形成自己独特的风格及见解。

实训二　使用库项目制作"中国皮影——皮影文创产品"网页

【实训要求】

本实训要制作"中国皮影——皮影文创产品"网页，在其中需要展示多个皮影文创产品，每个产品包括产品图片、产品名称、价格等内容，结构完全相同，完成后的效果如图6-35所示。

素材所在位置　素材文件\项目六\实训二\pywccp.html、images\
效果所在位置　效果文件\项目六\实训二\pywccp.html

【实训思路】

在"中国皮影——皮影文创产品"网页中展示了多个产品，在制作时可以先制作一个"产品模块"库项目，在库项目的网页中制作好一个产品的展示画面，然后在"中国皮影——皮影文创产品"网页插入多个库项目并修改每个库项目的文本和图片。

使用库项目制作
"中国皮影——
皮影文创产品"
网页

图6-35 "中国皮影——皮影文创产品"网页效果

【步骤提示】

完成本实训的主要步骤包括新建库项目、编辑库项目，以及插入并修改库项目，如图6-36所示。

① 新建库项目

② 编辑库项目

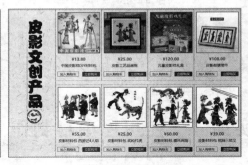
③ 插入并修改库项目

图6-36 制作"中国皮影——皮影文创产品"网页的主要步骤

（1）打开"pywccp.html"网页文件，在"资源"面板中创建一个"产品模块"库项目。

（2）单击"编辑"按钮 🖱 打开库项目网页，在网页中创建出需要的库项目内容。

（3）保存库项目并关闭。

（4）定位插入点到"pywccp.html"网页文件中的空白单元格中，在"资源"面板中选择"产品模块"库项目，单击 插入 按钮将其插入网页中。

（5）在插入的库项目上单击鼠标右键，在弹出的快捷菜单中选择"从源文件中分离"命令，然后根据需要修改图片和文本内容。

（6）使用相同方法再插入7个"产品模块"库项目，并修改图片和文本内容。

（7）按"Ctrl+S"组合键保存网页文件。

课后练习

本项目主要介绍了在网页中使用模板和库的方法，包括认识模板、创建模板、编辑模板、应用模板、认识"资源"面板、创建库项目、编辑库项目、插入库项目等。对于本项目的内容，读者应重点掌握模板的创建、编辑和应用，以及库项目的创建、编辑和插入，便于在日常设计工作中提高工作效率。

练习1：使用模板制作"购鞋网——客户交流"网页

本练习要求使用模板制作"购鞋网——客户交流"网页，需要先将"khjl.html"网页文件另存为模板，并添加可编辑区域，然后从模板新建网页并修改可编辑区域中的内容。参考效果如图6-37所示。

图6-37 "购鞋网——客户交流"网页效果

素材所在位置 素材文件\项目六\课后练习\客户交流\mb.html、x.jpg
效果所在位置 效果文件\项目六\课后练习\客户交流\khjl.html、khjl.dwt

操作要求如下。

- 打开"mb.html"网页文件，并将其另存为"khjl.dwt"模板文件。
- 在"产品交流"文本下方的空白单元格中插入一个名为"导航栏目"的可编辑区域。
- 在右侧的空白单元格中插入一个名为"宣传图像"的可编辑区域，按"Ctrl+S"组合键保存模板。
- 在"新建文档"对话框中从"khjl"模板新建一个网页文件。
- 在"导航栏目"可编辑区域中删除原有的"导航栏目"文本，插入一个1行4列的表格，输入文本并设置格式。
- 在"宣传图像"可编辑区域中删除原有的"宣传图像"文本，插入"x.jpg"素材图像。
- 将网页文件保存为"khjl.html"。

练习2：使用库项目制作"购鞋网——产品介绍"网页

本练习要求使用库项目制作"购鞋网——产品介绍"网页，重点练习创建库项目、编辑库项目、插入库项目等，参考效果如图6-38所示。

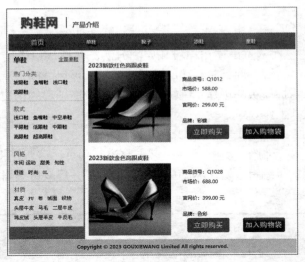

图6-38 "购鞋网——产品介绍"网页效果

素材所在位置 素材文件\项目六\课后练习\产品介绍

效果所在位置 效果文件\项目六\课后练习\产品介绍\cpjs.html

操作要求如下。

- 打开"cpjs.html"网页文件，在"资源"面板中创建一个"product"库项目。
- 单击"编辑"按钮📄打开库项目网页，在网页中创建出需要的库项目内容。
- 保存库项目并关闭。
- 定位插入点到"cpjs.html"网页文件中的空白单元格中，在"资源"面板中选择"product"库项目，单击 插入 按钮将其插入网页中。
- 定位插入点到插入的库项目右侧，单击 插入 按钮再插入一个"product"库项目。

技巧提升

1. 创建嵌套模板

嵌套模板是指其设计和可编辑区域都是基于另一个模板的。嵌套模板可以在保证整个网站风格一致的情况下，对网页细节进行调整，并且还能有效地控制网页内容的更新和维护。

创建嵌套模板的方法为：选择"文件""新建"命令，创建一个新的网页文件，在"资源"面板中单击"模板"按钮📄，在项目列表中选择一个已有模板文件，将其应用到文件中，然后选择"插入""模板""创建嵌套模板"命令，在打开的"另存为模板"对话框中保存模板。

2. 通过启动器模板创建网页

Dreamweaver提供了一些预先定义的模板（如启动器模板），通过这些模板，网页设计师可以快速、轻松地构建网页。方法为：选择"文件""新建"命令，打开"新建文档"对话框，在左侧选择"启动器模板"选项卡，在"示例文件夹"栏中选择模板的类型，在"示例页"栏中选择所需的模板，然后单击 创建(R) 按钮创建网页。

项目七
使用表单和行为

情景导入

　　在完成了模板和库的制作后，老洪又安排米拉制作"佳美馨装饰——会员登录"页面。米拉以前没制作过用于登录的网页，就查了资料，得知网页中的注册、登录和搜索等功能，一般是使用表单来实现的；而为了避免用户输入的数据有误，还需要使用行为对用户输入的数据进行验证。

学习目标

- 了解表单和表单元素
- 掌握插入表单和表单元素的方法

- 了解行为和"行为"面板
- 掌握添加、修改、删除行为的方法

素养目标

- 提升网页表单的设计效果和实用性
- 激发对制作网页表单和添加行为的学习兴趣

任务一 在"佳美馨装饰——会员登录"网页中使用表单

老洪让米拉制作"佳美馨装饰——会员登录"网页，在该网页中使用表单收集用户输入的内容。本任务的参考效果如图7-1所示。

素材所在位置 素材文件\项目七\任务一\hyd1.html

效果所在位置 效果文件\项目七\任务一\hyd1.html

图7-1 "佳美馨装饰——会员登录"网页

一、任务描述

（一）任务背景

为了给用户提供精准的服务，很多网站都会通过会员机制来对用户进行管理，网站中有些内容是只有会员才能查看的。用户需先成为会员，然后在"佳美馨装饰——会员登录"网页输入用户名、密码等信息，再单击"立即登录"按钮登录网站，就可以查看会员才能查看的内容。

"佳美馨装饰——会员登录"网页是通过表单来实现的，在其中通常包含"用户名"文本框、"密码"文本框、"立即登录"按钮、"记住密码"复选框、"忘记密码？"超链接等网页元素。

> **知识补充**
>
> **其他登录网站的方式**
>
> 随着互联网技术的不断发展，以及为了使用户更加方便地登录网站，除了使用用户名和密码登录网站外，很多网站还推出了QQ登录、微信登录、手机验证码登录、二维码扫码登录等多种登录方式。

（二）任务目标

（1）了解表单和表单元素。

（2）掌握插入表单和表单元素的方法。

二、相关知识

表单是创建交互式网站和增加网页互动性的工具，例如在网页中，申请邮箱时填写的个人信息表、购物时填写的购物单、新用户注册时填写的信息表等都是表单。

（一）认识表单和表单元素

表单相当于一个容器，表单元素相当于放置在这个容器中的内容。表单元素有很多，如文本框、复选框、单选按钮、按钮、列表和菜单等，图7-2所示为某网页中的表单元素。

在Dreamweaver的"设计"视图中，表单显示为一个红色虚线框，而所有的表单元素都必须放置于该虚线框中。在HTML代码中使用<form>标签来表示表单，其他的表单元素都必须位于该标签中。图7-3所示为一个简单的搜索表单的代码，表单对应的代码为<form id="form1" name="form1" method="post">和</form>，表单元素为一个文本框（<input type="text" name="textfield" id="textfield" value="输入关键字">）和一个按钮（<input type="submit" name="submit" id="submit" value="搜索">）。

图7-2　某网页中的表单元素

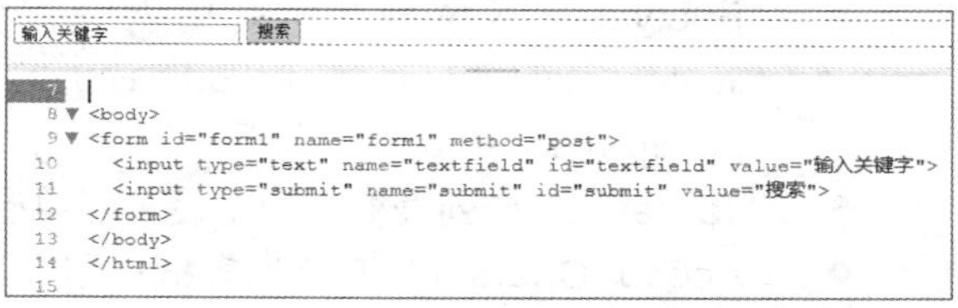

图7-3　HTML中的表单及表单元素代码

（二）插入表单并设置表单属性

要在网页中使用表单，需要先插入表单，然后对表单的属性进行设置，如设置ID、Method等，这样表单才能真正起作用。

1. 插入表单

选择"插入""表单""表单"命令或在"插入"面板的"表单"类别中单击 ▤ 表单 按钮，插入表单。

2. 设置表单属性

在网页文件中插入表单后，在表单的"属性"面板中将显示与表单相关的属性，在其中可以设置表单的ID、Class、Action、Method等属性，如图7-4所示。

图7-4　表单的"属性"面板

表单的"属性"面板中相关选项的含义如下。

- **"ID"文本框**：用于设置表单的ID，由于网页中可能有不止一个表单，通过ID属性可以区分不同的表单。
- **"Class"下拉列表框**：用于设置表单的CSS样式。预先设置好CSS样式后，在

"Class"下拉列表中选择所需的CSS样式名称，可以改变表单外观和布局。

- **"Action"文本框**：用于指定处理表单的动态网页或脚本的路径，如"login.php"表示当用户提交表单时，会将数据提交给"login.php"文件，"login.php"再对获取的数据进行处理并将结果返回网页，结果如"登录成功"或"登录失败"等。

- **"Method"下拉列表框**：用于设置将数据传递给服务器的方式，主要有"POST"和"GET"两种方式。"POST"方式是指将所有信息封装在HTTP请求中，这种方式可以传递大量数据且非常安全。"GET"方式是指将数据直接追加到请求的URL末尾，只能传递有限的数据，由于在浏览器的地址栏中可直接看到提交的数据（如"login.php?usr=hxy"），所以这种方式并不安全。

- **"Title"文本框**：用于设置表单的标题文本。在浏览设置了Title属性的表单所在的网页时，将鼠标指针移动到表单区域，会显示设置的标题文本。

- **"No Validate"复选框**：选中该复选框，当用户提交表单时网页不会对表单的内容进行验证。

- **"Auto Complete"复选框**：选中该复选框，当用户返回到曾填写过的页面时，网页会自动将表单中的所有表单元素的值恢复到用户所填写的值。

- **"Enctype"下拉列表框**：用于设置传输数据使用的编码类型，默认设置为"application/x-www-form-urlencoded"。如果需要通过表单上传文件，则需选择"multipart/form-data"选项。

- **"Target"下拉列表框**：用于设置表单提交后，打开反馈页面的方式。

- **"Accept Charset"下拉列表框**：用于选择服务器处理表单数据时所接受的字符编码类型。

（三）插入表单元素

插入表单后，还需要在其中插入各种表单元素，才能实现具体的功能。Dreamweaver中的表单元素较多，它们的插入方法都相同，选择"插入""表单"命令，在弹出的子菜单中选择要插入的表单元素对应的菜单命令，或在"插入"面板的"表单"类别中单击要插入的表单元素对应的按钮。插入表单元素后，还需要在"属性"面板中对其属性进行设置。

下面介绍一些较为常用的表单元素。

1. 文本元素

文本元素用于输入单行文本，常用于用户名、昵称等内容的输入，如图7-5所示，其"属性"面板如图7-6所示，其中各选项的含义如下。

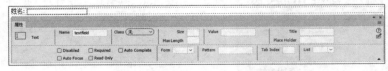

图7-5　文本元素　　　　　　　　　　图7-6　文本元素的"属性"面板

- **"Name"文本框**：用于设置文本元素的名称。此项为必填项且名称要唯一，因为同一个表单中可能有多个文本元素。

- **"Class"下拉列表框**：用于设置文本元素的CSS样式。

- **"Size"文本框**：用于设置文本元素的宽度。

- **"Max Length"文本框**：用于设置文本元素中可以输入的最大字符数。

- **"Value"文本框**：用于设置文本元素中默认显示的文本。
- **"Title"文本框**：用于设置文本元素的标题。
- **"Place Holder"文本框**：用于设置文本元素的提示信息。该信息将以灰色显示在文本元素中，当用户在文本元素中输入内容后，该信息将隐藏。同时设置Value和Place Holder属性时，将只显示Value的内容，不会显示Place Holder的内容。
- **"Disabled"复选框**：选中该复选框，将禁用该文本元素，用户不能修改其中的内容，且不会提交其中的内容，常在显示返回的数据信息时使用。
- **"Auto Focus"复选框**：选中该复选框，当网页加载时，该文本元素将自动获得焦点。
- **"Required"复选框**：选中该复选框，该文本元素为必填项，只有在其中输入内容后才能正常提交表单。
- **"Read Only"复选框**：用于设置文本元素是否为只读文本元素，用户不能修改其中的内容，但可以提交其中的内容，常在需要提交固定的内容时使用。
- **"Auto Complete"复选框**：选中该复选框，当用户返回到曾填写过值的页面时，网页会自动将用户填写过的值显示在文本元素中。
- **"Form"下拉列表框**：用于设置文本元素所属的表单。
- **"Pattern"文本框**：用于设置输入值的模式或格式。如"[0-9a-zA-Z]{6}"表示输入的内容只能包含英文大小写字母和数字，且长度必须为6。
- **"Tab Index"文本框**：用于设置按"Tab"键时的跳转次序，当用户按"Tab"键时，将按照设置的次序在各个表单元素之间进行跳转。
- **"List"下拉列表框**：可在该下拉列表框中选择引用的datalist（数据列表）。

2. 文本区域元素

文本区域元素用于输入多行文本，当需要用户输入大量文本时使用，如图7-7所示，其"属性"面板如图7-8所示，其中特有的选项含义如下。

图7-7　文本区域元素

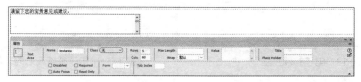

图7-8　文本区域元素的"属性"面板

- **"Rows"文本框**：用于设置文本区域的行数，当用户输入的文本行数大于指定值时，将显示滚动条。
- **"Cols"文本框**：用于设置文本区域的列数，即每行可显示的字符数。
- **"Wrap"下拉列表框**：用于设置文本的换行方式。设置为"Soft"，在提交表单时，网页不会对输入的文本进行换行处理；设置为"Hard"，在提交表单时，网页会对输入的文本进行换行处理，即在每一行的末尾插入一个换行符，此时，必须设置Cols属性值。

3. 数字元素

在数字元素中只能输入数字，常用于输入数值型信息，如图7-9所示，其"属性"面板如图7-10所示，其中特有的选项含义如下。

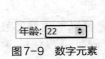

图7-9 数字元素　　　　　　　　　　图7-10 数字元素的"属性"面板

- "Min"文本框：用于设置能够输入数字的最小值。
- "Max"文本框：用于设置能够输入数字的最大值。
- "Step"文本框：用于设置当单击 ⬍ 按钮时，数值增大或减小的值。

4. 密码元素

密码元素常用于输入密码，如图7-11所示，其外观与文本元素基本相同，区别是在密码元素中输入密码后，密码会以"*"或"·"符号显示，以提高密码的安全性。其"属性"面板也与文本元素的"属性面板"基本相同，只是密码元素的"属性"面板中少了"List"下拉列表框，如图7-12所示。

图7-11 密码元素　　　　　　　　　图7-12 密码元素的"属性"面板

5. 电子邮件元素

电子邮件元素用于输入电子邮件地址，如图7-13所示，在提交表单时，网页会自动验证输入的内容是否符合正确的电子邮件地址格式。电子邮件元素的"属性"面板与文本元素的"属性"面板基本相同，只是多了一个"Multiple"复选框，如图7-14所示。选中"Multiple"复选框，可以在电子邮件元素中输入多个电子邮件地址。

图7-13 电子邮件元素　　　　　　　图7-14 电子邮件元素的"属性"面板

6. 日期元素

日期元素用于选择日期，如图7-15所示，其"属性"面板与文本元素的"属性"面板基本相同，如图7-16所示。其中的"Value"文本框用于设置默认日期，"Min"文本框用于设置能够选择的最早日期，"Max"文本框用于设置能够选择的最晚日期，"step"用于设置日期背景颜色的间隔效果。

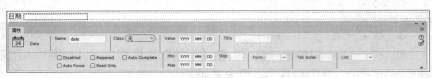

图7-15 日期元素　　　　　　　　　图7-16 日期元素的"属性"面板

7. 按钮元素

通过按钮元素可以在表单中添加一个按钮，如图7-17所示。该按钮本身没有任何功能，需要为其添加行为才能实现相应的功能，其"属性"面板如图7-18所示。

图7-17 按钮元素   图7-18 按钮元素的"属性"面板

8. "提交"按钮元素

"提交"按钮元素在外观上和按钮元素相同，单击"提交"按钮可以直接提交表单，其"属性"面板如图7-19所示，其中部分选项的含义如下。

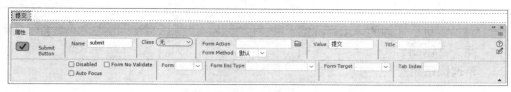

图7-19 "提交"按钮元素的"属性"面板

- "Name"文本框：用于设置按钮的名称，通常为必填项，用于区分不同的按钮。
- "Form Action"文本框：用于设置单击"提交"按钮后表单的提交动作。
- "Form Method"下拉列表框：用于设置将表单数据发送到服务器的方式，包括"POST""GET"。
- "Value"文本框：用于设置"提交"按钮上显示的提示文本，如"提交""登录""获取验证码"等。
- "Title"文本框：用于设置当鼠标指针移动到"提交"该按钮上时显示的提示内容。
- "Form No Validate"复选框：用于设置提交表单时是否对其进行验证。
- "Form Enc Type"下拉列表框：用于设置发送数据的编码类型。
- "Form Target"下拉列表框：用于设置表单被处理后反馈页面的打开方式。

9. "重置"按钮元素

"重置"按钮元素可以将表单的内容恢复到默认状态，即重置表单。"重置"按钮的"属性"面板与按钮元素的"属性"面板基本相同，如图7-20所示。

图7-20 "重置"按钮元素的"属性"面板

10. 选择元素

选择元素在网页中显示为一个下拉列表框或列表框，用户可以选择其中的一个或多个选项，如图7-21所示。其"属性"面板如图7-22所示，其中特有的选项的含义如下。

图7-21　选择元素

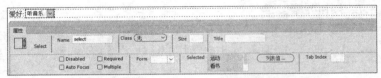

图7-22　选择元素的"属性"面板

- **"Multiple"复选框**：取消选中该复选框，选择元素将显示为一个下拉列表框，用户只能选择其中的一个选项；选中该复选框，选择元素将显示为一个列表框，用户可以选择多个选项。

- **"Selected"列表框**：用于设置选择元素的初始选项。

- **列表值...按钮**：单击该按钮，将打开"列表值"对话框，在其中为选择元素添加选项，并设置每个选项的"项目标签"和"值"，如图7-23所示。

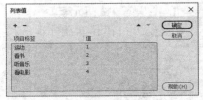

图7-23　"列表值"对话框

11. 单选按钮元素

单选按钮元素在网页中将显示为一个单选按钮，可以将多个单选按钮组成一个单选按钮组。当用户选中一个单选按钮时，同一个组中的其他单选按钮将自动取消选中。单选按钮元素的"属性"面板如图7-24所示，其中"Name"文本框用于设置单选按钮组，同一个组的单选按钮的Name属性应设置为相同的文本；"Checked"复选框用于设置单选按钮是否为选中状态。

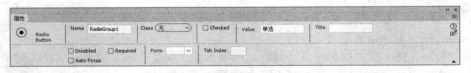

图7-24　单选按钮元素的"属性"面板

选择"插入""表单""单选按钮组"命令或在"插入"面板的"表单"类别中单击 **单选按钮组**按钮，将打开"单选按钮组"对话框，在该对话框中可以一次性插入多个单选按钮，如图7-25所示。

"单选按钮组"对话框中部分选项的含义如下。

- **"名称"文本框**：用于设置单选按钮组的名称。
- **"标签"列表框**：用于设置单选按钮的文本。
- **"值"列表框**：用于设置单选按钮的值。
- **"换行符"单选按钮**：选中该单选按钮，将以添加换行符（
标签）的方式对单选按钮进行布局。
- **"表格"单选按钮**：选中该单选按钮，将以表格的形式对单选按钮进行布局。

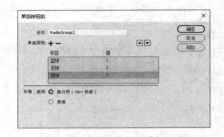

图7-25　"单选按钮组"对话框

12. 复选框元素

复选框元素在网页中将显示为一个复选框，在一组复选框元素中可以选中多个复选框。复选框元素的"属性"面板与单选按钮元素的相同。

选择"插入""表单""复选框组"命令或在"插入"面板的"表单"类别中单击 复选框组 按钮，会打开"复选框组"对话框，其选项与"单选按钮组"对话框的基本相同。

13. 文件元素

使用文件元素可以让用户上传文件，文件元素包括一个文本框和一个 浏览 按钮，单击 浏览 按钮，在打开的"打开"对话框中可以选择要上传的文件，而文本框中则会显示文件路径，如图7-26所示。文件元素的"属性"面板如图7-27所示，选中"Multiple"复选框时，可以选择多个文件。

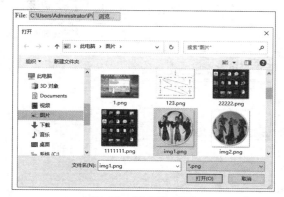

图7-26 "打开"对话框

图7-27 文件元素的"属性"面板

三、任务实施

（一）创建表单并设置属性

下面在提供的素材中插入表单，然后设置表单的属性，具体操作如下。

（1）打开"hydl.html"网页文件，将插入点定位到"会员登录"文本下方的单元格中，选择"插入""表单""表单"命令插入表单，如图7-28所示。

微课视频

创建表单
并设置属性

（2）在"属性"面板中设置表单的"ID"为"frm_login"，"Action"为"login.php"，"Title"为"会员登录"，"Accept Charset"为"UTF-8"，如图7-29所示。

图7-28 插入表单

图7-29　设置表单属性

（二）插入表单元素并设置属性

微课视频

插入表单元素
并设置属性

下面在创建的表单中插入各种表单元素，并为其设置相应的属性，具体操作如下。

（1）将光标定位到表单中，插入一个4行1列、表格宽度为100%、单元格边距为10的表格，如图7-30所示。

图7-30　插入表格

（2）将光标定位到表格的第1行中，选择"插入""表单""文本"命令插入文本元素，在"属性"面板中设置"Name"为"userName"，"Place Holder"为"请输入用户名"，如图7-31所示。

图7-31　插入文本元素并设置属性

（3）选择"Text Field:"文本并修改为"用户名:"，按"Enter"键换行，如图7-32所示。

图7-32　修改文本内容

（4）将光标定位到表格第2行中，在"插入"面板中选择"表单"类别，然后单击 按钮插入密码元素，然后在"属性"面板中设置"Name"为"password"，如图7-33所示。

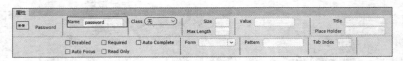

图7-33　设置密码元素属性

（5）选择"Password:"文本并修改为"密码:"，按"Enter"键换行，如图7-34所示。

图7-34 修改文本

（6）将光标定位到表格第3行中，选择"插入""表单""'提交'按钮"命令插入"提交"按钮，在"属性"面板中设置"Name"为"btn_login"，"Value"为"立即登录"，如图7-35所示。

图7-35 插入"提交"按钮元素并设置其属性

（7）将光标定位到表格最后一行，选择"插入""表单""复选框"命令插入复选框元素，在"属性"面板中设置"Name"为"save_pwd"，如图7-36所示。

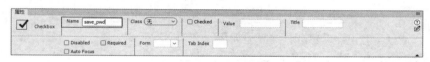

图7-36 插入复选框元素

（8）选择"Checkbox"文本，将其修改为"记住密码"，如图7-37所示。

图7-37 修改文本

（9）在最后一行单元格中单击鼠标右键，在弹出的快捷菜单中选择"表格""拆分单元格"命令，打开"拆分单元格"对话框，选中"列"单选按钮，并设置"列数"为"2"，单击 确定 按钮，如图7-38所示，将最后一行单元格拆分为两列单元格。

（10）在右侧的单元格中输入"忘记密码？"文本，如图7-39所示。

图7-38 拆分单元格

图7-39 输入文本

（11）选择"忘记密码？"文本，在"属性"面板中设置"链接"为"#"，"水平"为"右对齐"，如图7-40所示。

图7-40　设置属性

（12）切换到"代码"视图，在<style></style>标签中添加表单元素的CSS样式，如图7-41所示。

```
70 ▼ .top {
71       width: 100%;
72       background-color: rgba(230,230,230,1.00);
73       height: 35px;
74       font-size: 12px;
75       color: rgba(150,150,150,1);
76   }
77 ▼ input[type=text],input[type=password],input[type=submit] {
78       margin-top: 2px;
79       margin-bottom: 2px;
80       width: 100%;
81       height:30px;
82   }
83   </style>
```

图7-41　添加表单元素的CSS样式

（13）按"Ctrl+S"组合键保存网页文件，完成本任务。

任务二　在"佳美馨装饰——会员登录"网页中使用行为

米拉制作好了"佳美馨装饰——会员登录"网页的大致框架，老洪安排她继续为网页添加显示提示对话框的功能。要完成老洪交代的任务，米拉需要掌握"行为"面板的使用方法，以及添加、修改、删除行为等操作。本任务的参考效果如图7-42所示。

图7-42　"佳美馨装饰——会员登录"网页

素材所在位置	素材文件\项目七\任务二\hyd1.html
效果所在位置	效果文件\项目七\任务二\hyd1.html

一、任务描述

（一）任务背景

随着互联网的不断发展，网页不仅能展示文本、图像、视频等内容，还可以实现各种各样的特殊功能。使用Dreamweaver的"行为"面板可以很方便地实现"交换图像""弹出信息""检查表单"等功能。本任务将为"佳美馨装饰——会员登录"网页添加"检查表单""弹出信息"行为，以实现用户选中"记住密码"复选框时显示提示对话框，以及用户单击"立即登录"按钮时，对用户输入的内容进行验证的功能。

（二）任务目标

（1）了解行为和"行为"面板。

（2）掌握添加、修改、删除行为的方法。

二、相关知识

行为是Dreamweaver中内置的脚本，为网页添加行为可极大地增强网页的交互性。

（一）认识行为

Dreamweaver中的行为是由事件和动作组成的。事件是指触发行为的操作或状态，如用户单击超链接或页面加载完毕等。动作是指触发事件后网页要执行的具体操作，如打开浏览器窗口、显示弹出信息等。

不同的浏览器包含不同的事件，常用事件的名称及触发方式如下。

- onLoad：当载入网页时触发。
- onUnload：当用户离开页面时触发。
- onMouseOver：当鼠标指针移入指定元素范围时触发。
- onMouseDown：当用户按下鼠标左键但没有释放时触发。
- onMouseUp：当用户释放鼠标左键后触发。
- onMouseOut：当鼠标指针移出指定元素范围时触发。
- onMouseMove：当用户在页面上拖曳鼠标指针时触发。
- onMouseWheel：当用户使用鼠标滚轮时触发。
- onClick：当用户单击指定的页面元素（如链接、按钮或图像）时触发。
- onDblClick：当用户双击指定的页面元素时触发。
- onKeyDown：当用户按下任意一个键但没有释放时触发。
- onKeyUp：当用户释放被按下的键后触发。
- onKeyPress：当用户按下任意一个键，然后释放该键时触发。该事件是onKeyDown事件和onKeyUp事件的组合事件。
- onFocus：当指定的元素（如文本框）变成用户交互的焦点时触发。
- onBlur：和onFocus事件相反，当指定元素不再作为交互的焦点时触发。
- onAfterUpdate：当页面上绑定的数据元素完成数据源更新之后触发。
- onBeforeUpdate：当页面上绑定的数据元素已经修改并且将要失去焦点时，也就是数据源更新之前触发。

- **onError**：当浏览器载入页面发生错误时触发。
- **onHelp**：当用户选择浏览器中的"帮助"菜单命令时触发。
- **onMove**：当用户移动浏览器窗口时触发。
- **onSubmit**：当指定的表单被提交时触发。

（二）认识"行为"面板

选择"窗口""行为"命令或按"Shift+F4"组合键，打开图7-43所示的"行为"面板，在其中可以添加、修改或删除行为。

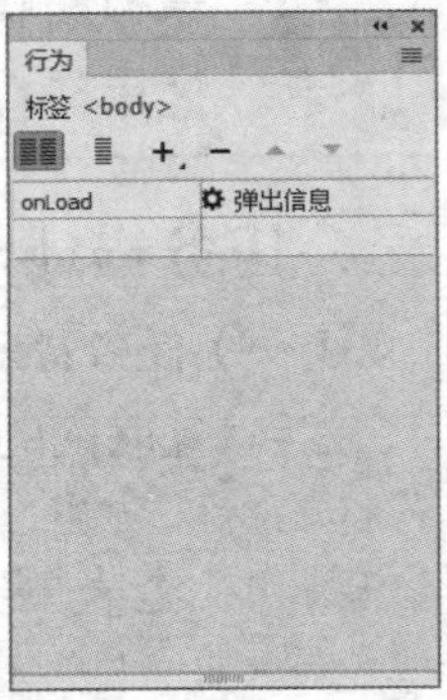

"行为"面板中选项的含义如下。

- **"显示设置事件"按钮**▤▤：显示已设置的事件列表。
- **"显示所有事件"按钮** ▤：显示所有事件列表。
- **"添加行为"按钮**＋：单击该按钮，可以添加一个行为。
- **"删除事件"按钮**—：单击该按钮，可以删除所选择的行为。
- **"增加事件值"按钮**▲：单击该按钮，可向上移动所选择的行为。当一个网页元素上有多个行为时，将先触发排在前面的行为。
- **"降低事件值"按钮**▼：单击该按钮，可向下移动所选择的行为。

图7-43　"行为"面板

（三）添加行为

添加行为是指将某个行为附加到指定对象上，此对象可以是一个图像、一段文本、一个超链接，也可以是整个网页。添加行为的方法为：选择需添加行为的对象，打开"行为"面板，单击"添加行为"按钮＋，在打开的下拉列表中选择需要的行为选项，并在打开的对话框中设置行为的属性。完成后，在"行为"面板中已添加该行为，在面板左侧的列表中可设置事件，整个操作的大致过程如图7-44所示。

图7-44　为网页对象添加行为

（四）修改行为

添加行为后，可根据实际需要修改行为。修改行为的方法为：在"行为"面板的列表中选择要修改的行为，双击右侧的行为名称，在打开的对话框中重新设置，单击 确定 按钮完成修改，如图7-45所示。

图7-45　修改行为

（五）删除行为

对于无用的行为，可利用"行为"面板及时将其删除，以便更好地管理其他行为。删除行为的方法主要有以下3种。

- **利用按钮删除**：在"行为"面板列表中选择需删除的行为，单击上方的"删除事件"按钮━。
- **利用按键删除**：在"行为"面板列表框中选择需删除的行为，直接按"Delete"键删除。
- **利用快捷菜单删除**：在"行为"面板列表中选择需删除的行为，在该行为上单击鼠标右键，在弹出的快捷菜单中选择"删除行为"命令。

三、任务实施

（一）添加"检查表单"行为

微课视频
添加"检查表单"行为

下面为"佳美馨装饰——会员登录"网页添加"检查表单"行为，具体操作如下。

（1）打开"hydl.html"网页文件。

（2）将光标定位到表单内部，然后在状态栏中选择 <form> 标签，选择整个表单。

（3）在"行为"面板中单击"添加行为"按钮➕，在打开的下拉列表中选择"检查表单"选项，如图7-46所示。

（4）打开"检查表单"对话框，在"域"列表框中选择第一项，再选中"必需的"复选框。

（5）在"域"列表框中选择第二项，再选中"必需的"复选框，单击 确定 按钮完成"检查表单"行为的设置，如图7-47所示。

图7-46　添加"检查表单"行为

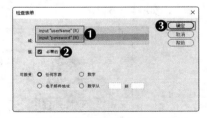

图7-47　设置"检查表单"行为

（6）返回"行为"面板，可看到添加的事件为"onSubmit"。

（二）添加"弹出信息"行为

微课视频
添加"弹出信息"行为

下面为"记住密码"复选框添加"弹出信息"行为，具体操作如下。

（1）选择"记住密码"复选框，在"行为"面板中单击"添加行为"按钮➕，在打开的下拉列表中选择"弹出信息"选项，如图7-48所示。

（2）在打开的"弹出信息"对话框中输入消息内容"确认选中'记

住密码'？"，单击 确定 按钮，如图7-49所示。

（3）返回"行为"面板，可看到添加的事件为"onClick"。

图7-48 添加"弹出信息"行为

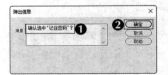

图7-49 "弹出信息"对话框

（4）按"Ctrl+S"组合键保存网页，然后按"F12"键预览网页，不输入用户名和密码直接单击 立即登录 按钮，在打开的提示对话框中将显示用户名和密码为必填项的信息，如图7-50所示。

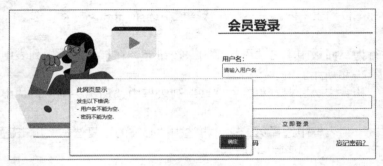

图7-50 "检查表单"行为弹出的信息

（5）选中"记住密码"复选框，在打开的提示对话框中将显示"确认选中'记住密码'？"，如图7-51所示。

图7-51 "弹出信息"行为弹出的信息

实训一 在"中国皮影——问卷调查"网页中使用表单

【实训要求】

本实训的要求是在"中国皮影——问卷调查"网页中通过表单收集用户的相关信息和反

馈意见等，完成后的效果如图7-52所示。

素材所在位置　素材文件\项目七\实训一\wjdc.html
效果所在位置　效果文件\项目七\实训一\wjdc.html

中国皮影

问卷调查

1.您的年龄：
○ 17岁及以下　　○ 18~30岁　　○ 31~45岁　　○ 46~60岁　　○ 61岁及以上

2.您的性别：
○ 男　　○ 女

3.您的受教育程度：
○ 初中及以下　　○ 高中　　○ 大专　　○ 本科　　○ 研究生及以上

4.您了解中国皮影网的途径：
□ 电视　　□ 报刊　　□ 互联网、官方网站　　□ 官方微博、微信　　□ 朋友推荐
□ 其他 ____

5.您浏览中国皮影网的主要原因是：
□ 休闲娱乐　　□ 学术研究　　□ 兴趣爱好　　□ 学校、单位等组织安排　　□ 其他 ____

6.请留下您的宝贵意见和建议：

7.您的联系方式：
姓名： ____
电子邮件： ____
电话： ____
QQ号码： ____

[提交] [重置]

中国皮影 copyright © 2022-2030

图7-52　"中国皮影——问卷调查"网页效果

微课视频

在"中国皮影——问卷调查"网页中使用表单

职业素养　在与客户合作时，客户通常会提出调整、反复修改网站的需求。如果客户的要求是可行的，只需要照做即可。如果客户的要求不可行，就需要在仔细思考后提出自己的意见和方案，争取在最大程度上和客户达成一致；而不能不耐烦，给客户留下不专业的印象。

【实训思路】

本实训需要使用表单来制作一个问卷调查表，需在网页中插入一个表单，并在表单中插入单选按钮组、复选框组、文本区域元素、文本元素、电子邮件元素、数字元素、"提交"按钮元素、"重置"按钮元素等表单元素并设置样式。

161

【步骤提示】

　　要完成本实训，首先需要在网页中插入表单，然后在表单中插入各种表单元素，最后设置表单元素的样式。其主要步骤如图7-53所示。

　　①插入表单　　　　　　　　　　②插入表单元素　　　　　　　　③设置表单元素样式

图7-53　制作"中国皮影——问卷调查"网页的主要步骤

　　（1）打开"wjdc.html"网页文件。

　　（2）在"1.您的年龄："文本前插入一个表单。

　　（3）选择"1.您的年龄："至"7.您的联系方式："文本，并将其拖曳到表单内部。

　　（4）在"1.您的年龄：""2.您的性别："和"3.您的受教育程度："文本下方插入单选按钮组，并删除每一个单选按钮后的换行符，使所有单选按钮在一行显示。

　　（5）在"4.您了解中国皮影网的途径："和"5.您浏览中国皮影网的主要原因是："文本下方插入复选框组，并删除每一个复选框后的换行，使所有复选框在一行显示。然后在"其他"复选框后插入一个文本元素。

　　（6）在"6.请留下您的宝贵意见和建议："文本下方插入一个文本区域元素，并在"属性"面板中设置"Rows"为"10"，"Cols"为"135"。

　　（7）在"7.您的联系方式："文本下方插入1个文本元素、1个电子邮件元素、1个数字元素和1个文本元素，并修改它们的文本分别为"姓名：""电子邮箱：""电话："和"QQ号码："。

　　（8）在"QQ号码："下方插入1个"提交"按钮元素和1个"重置"按钮元素，并设置它们的"Class"为"btn"。

　　（9）在"代码"视图中增加"label"和".btn"CSS样式，以设置表单元素的样式。

　　（10）按"Ctrl+S"组合键保存文件，完成本实训。

实训二　在"中国皮影——皮影图集"网页中使用行为

【实训要求】

　　本实训的要求是在"中国皮影——皮影图集"网页中使用行为来实现当鼠标指针移动到某一小图像上时，上方将自动显示对应的大图像，完成后的效果如图7-54所示。

　素材所在位置　素材文件\项目七\实训二\pytj.html、images\
　　　　　　　　　　效果所在位置　效果文件\项目七\实训二\pytj.html

在"中国皮影——
皮影图集"网页中
使用行为

图7-54 "中国皮影——皮影图集"网页效果

【实训思路】

本网页的主体部分有2个区域,在第1个区域中插入1张大图像,在第2个区域中插入6张小图像,然后为6张小图像添加"交换图像"行为,使鼠标指针移动到某一张小图像上时,更改大图像的图像文件为对应的大图像文件。

【步骤提示】

完成本实训的主要步骤包括插入大图像、插入6张小图像,以及添加行为,如图7-55所示。

① 插入大图像

② 插入6张小图像

③ 添加行为

图7-55 制作"中国皮影——皮影图集"网页的主要步骤

（1）打开"pytj.html"网页文件。

（2）在"皮影图集"文本下方的<div>标签中插入"py1-0.png"图像文件，在"属性"面板中设置ID为"bigimg"。

（3）在下一个<div>标签中插入"py1-1.png""py2-1.png""py3-1.png""py4-1.png""py5-1.png""py6-1.png"图像文件，并在"属性"面板中设置它们的ID分别为"img1""img2""img3""img4""img5""img6"。

（4）选择第1张小图像，在"行为"面板中为其添加"交换图像"行为，在打开的"交换图像"对话框中设置"图像"为"图像'bigimg'"，"设定原始档为"为"images/py1-0.png"，取消选中"鼠标滑开时恢复图像"复选框。

（5）使用相同的方法为其他5张图像添加"交换图像"行为，并设置大图像交换后的图像分别为"py2-0.png""py3-0.png""py4-0.png""py5-0.png""py6-0.png"。

（6）按"Ctrl+S"组合键保存文件，完成本实训。

课后练习

本项目主要介绍了在网页中添加表单和行为的方法，包括认识表单和表单元素、插入表单并设置表单属性、插入表单元素、认识行为、认识"行为"面板、添加行为、修改行为、删除行为等。对于本项目的内容，读者应重点掌握表单元素的插入方法以及添加行为的方法，以便在网页中灵活运用各种表单元素和行为，从而使网页具有更多的特殊功能。

练习1：制作"购鞋网——会员注册"网页

本练习要求制作"购鞋网——会员注册"网页，重点练习插入表单以及插入表单元素的方法等。参考效果如图7-56所示。

素材所在位置　素材文件\项目七\课后练习\会员注册\
效果所在位置　效果文件\项目七\课后练习\会员注册\hyzc.html

操作要求如下。

- 打开"hyzc.html"网页文件，并在其中插入一个表单。
- 在表单中插入"基本信息"和"附加信息"两个段落，并设置文本格式为"16px，加粗"。
- 在"基本信息"段落后按"Enter"键换行，然后插入1个文本元素、1个选择元素和两个密码元素，并根据需要设置其文本和属性。
- 在"附加信息"段落前插入1条水平线，并在"附加信息"段落后按"Enter"键换行，然后输入需要的文本内容并添加1个文本区域元素、1个复选框组元素、1个单选按钮组元素、1个选择元素、1个文本元素和1个文件元素，并根据需要设置其文本和属性。
- 在表单的下方插入1条水平线，然后在水平线下方插入一个"提交"按钮元素和一个"重置"按钮元素。

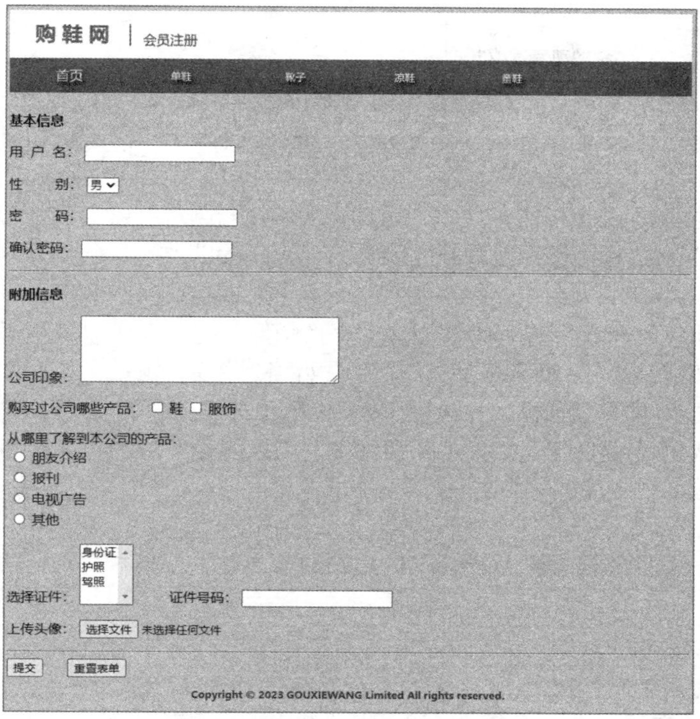

图7-56 "购鞋网——会员注册"网页效果

练习2：制作"购鞋网——品牌展厅"网页

本练习要求制作"购鞋网——品牌展厅"网页，重点练习插入"弹出信息""打开浏览器窗口""交换图像"等行为的方法，参考效果如图7-57所示。

素材所在位置 素材文件\项目七\课后练习\品牌展厅\
效果所在位置 效果文件\项目七\课后练习\品牌展厅\ppzt.html

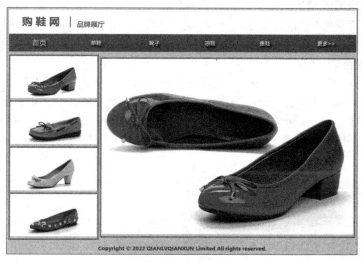

图7-57 "购鞋网——品牌展厅"网页效果

操作要求如下。

- 打开"ppzt.html"网页文件。
- 选择上方的"banner.jpg"图像，为其添加"弹出信息"行为，在"弹出信息"对话框中设置显示的信息为"欢迎光临！祝你拥有一个愉快的网上购物体验！"，并设置事件为"onClick"。
- 选择网页下方的版权信息文本，为其添加"打开浏览器窗口"行为，在"打开浏览器窗口"对话框中设置要打开的网页为"gsjj.html"，并设置事件为"onClick"。
- 选择网页右侧的大图像，在"属性"面板中设置其ID为"big"。
- 选择左侧第1张小图像，为其添加"交换图像"行为，在"交换图像"对话框中设置"图像"为"图像'big'"，"设定原始档为"为"1-2.jpg"，取消选中"鼠标滑开时恢复图像"复选框，并设置事件为"onClick"。
- 使用相同的方法为其他3张小图像添加"交换图像"行为，并分别设置"设定原始档为"为"2-2.jpg""3-2.jpg""4-2.jpg"。

技巧提升

1. 表单制作技巧

下面介绍3种表单制作技巧。

- **优化表单布局**：设计表单时，如果表单结构较为复杂或表单元素的位置排列和布局不太美观，可以使用表格优化表单结构。如利用单元格分隔不同的表单元素，实现复杂的表单布局，从而设计出布局合理、外观精美的表单。
- **优化界面外观**：默认添加的表单对象的外观是固定的，如果需要设置个性化的外观，可以通过CSS样式定义并美化表单。如希望制作个性化的按钮效果，可为按钮创建一个专门的CSS样式规则，在CSS样式规则中设置按钮文本、背景和边框等的属性；也可以直接使用表单对象中的图像来代替按钮，将任何一张图像作为按钮使用。
- **显示与隐藏表单虚线框**：如果插入表单后，网页文件中没有显示出红色虚线框，可选择"查看""设计视图选项""可视化助理""不可见元素"命令显示红色虚线框，再次选择该菜单命令可隐藏红色虚线框。

2. 获取更多行为

Dreamweaver虽然预置了一些行为，但很难满足所有设计者在学习或工作上的需要。此时可利用Dreamweaver提供的"获取更多行为"功能在网上下载并使用更多的行为。方法为：单击"行为"面板上的"添加行为"按钮 ➕，在打开的下拉列表中选择"获取更多行为"选项，将自动启动计算机中已安装的浏览器，并访问Adobe公司的官方网站，在官方网站中可下载更多的行为。

项目八
制作移动端网页

情景导入

　　随着移动互联网技术的飞速发展，使用移动设备访问网页的用户越来越多，于是佳美馨装饰有限公司决定制作移动端网页。老洪将这个项目安排给米拉，米拉知道移动端的网站和计算机端的网站在制作方法上存在很大的差异，于是先查找并研究了相关资料后，决定使用Dreamweaver提供的jQuery Mobile来制作移动端网页。

学习目标

- 了解jQuery Mobile的相关知识
- 掌握创建jQuery Mobile页面以及使用jQuery Mobile组件的方法
- 掌握安装PHP服务器、编辑PHP页面以及浏览PHP页面的方法

素养目标

- 提升对移动端网页的布局能力
- 激发对制作移动端网页的学习兴趣
- 激发对制作PHP网页的学习兴趣

任务一　制作移动端"装修案例"网页

现如今，网站已不局限于计算机端，很多用户会选择通过移动端访问网站。为了更好地进行宣传，佳美馨装饰有限公司需要制作一个移动端"装修案例"网页。米拉接手了这个任务，她通过不懈努力，顺利地完成了该任务，完成后的效果如图8-1所示。

素材所在位置　素材文件\项目八\任务一\images\

效果所在位置　效果文件\项目八\任务一\m_zxal.html

图8-1　移动端"装修案例"网页效果

一、任务描述

（一）任务背景

制作移动端网页需要使用Dreamweaver的jQuery Mobile功能，该功能可以用于创建移动网站应用的前端开发框架，常应用于智能手机与平板电脑的网站页面制作。

（二）任务目标

（1）了解jQuery Mobile的相关知识。

（2）掌握创建jQuery Mobile页面的方法。

（3）掌握使用jQuery Mobile组件的方法。

二、相关知识

在制作移动端网页前，需要先认识jQuery Mobile，然后了解创建jQuery Mobile页面和使用jQuery Mobile组件的方法。

（一）认识jQuery Mobile

jQuery Mobile构建于jQuery 和jQuery UI部件库之上，只需要少量的HTML5、CSS3、JavaScript和AJAX脚本就可以灵活地搭建移动端网页，兼容几乎所有的移动设备。

1. jQuery Mobile的基本特性

jQuery Mobile的基本特性主要有以下5点。

- **简单易用**：jQuery Mobile框架简单易用，通过它，用户使用标签就可开发页面，使用JavaScript就能制作网页。
- **兼容性强**：jQuery Mobile同时支持高端设备和低端设备，为不支持JavaScript的设备尽量提供最好的效果。
- **可以辅助残障人士访问Web网页**：jQuery Mobile拥有Accessible Rich Internet Applications（WAI - ARIA）支持，可以辅助残障人士访问Web网页。
- **框架小**：jQuery Mobile的整体框架比较小，其中JavaScript库的大小为12KB，CSS库的大小为6KB。
- **提供丰富的应用程序样式**：jQuery Mobile框架提供了主题系统，允许用户提供自己的应用程序样式。

2. jQuery Mobile支持的浏览器

jQuery Mobile是一个为移动设备设计的JavaScript库，用于开发具有动态和强交互性的网页应用程序，支持各种移动设备和浏览器。下面是一些jQuery Mobile支持的浏览器。

- **Chrome浏览器**：Chrome浏览器是Google公司开发的浏览器，它支持jQuery Mobile并能够运行大多数移动网页应用程序。Chrome浏览器的最新版本具有优秀的性能和稳定性，能够提升网页加载速度并提供流畅的用户体验。
- **Safari浏览器**：Safari浏览器是苹果公司开发的浏览器，也是jQuery Mobile支持的浏览器。随着Safari浏览器的优化，移动设备上的网页应用程序可以以更好的方式运行。无论是iOS设备还是Mac计算机，Safari都能提供响应迅速的浏览体验。
- **Firefox浏览器**：Firefox浏览器是由Mozilla开发的浏览器。虽然它的市场份额相对于Chrome和Safari较小，但jQuery Mobile也支持它。Firefox浏览器的优势在于其提供的自定义功能，允许用户根据自己的需要来定制浏览器。

（二）创建jQuery Mobile网页效果

Dreamweaver中集成了jQuery Mobile，用户可以通过Dreamweaver快速设计出适用于大多数移动设备的Web网页。

在Dreamweaver中创建移动Web网页的方法为：选择"文件""新建"命令，打开"新建文档"对话框，在左侧选择"新建文档"选项卡，再在"文档类型"栏中选择"HTML"选项，在"框架"栏的"文档类型"下拉列表框中选择"HTML5"选项，单击 创建(R) 按钮，如图8-2所示。然后在"插入"面板中的"jQuery Mobile"类别中，单击 页面 按钮，打开"jQuery Mobile文件"对话框，如图8-3所示，在其中进行设置后单击 确定 按钮。

"jQuery Mobile文件"对话框中部分选项的含义如下。

- **"远程（CDN）"单选按钮**：表示支持承载jQuery Mobile文件的远程CDN服务器，并且尚未配置包含jQuery Mobile文件的站点，也可选择使用其他CDN服务器。
- **"本地"单选按钮**：用于显示Dramweaver中提供的文件。
- **"拆分（结构和主题）"单选按钮**：表示使用被拆分成结构和主题组件的CSS文件。

● "组合"单选按钮：表示使用完整的CSS文件。

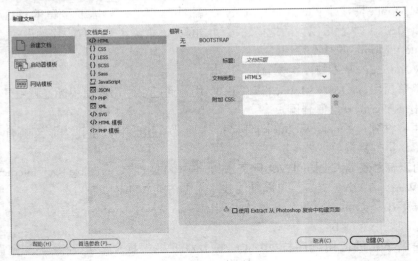

图8-2　新建文档

图8-3　创建jQuery Mobile页面

（三）使用jQuery Mobile组件

jQuery Mobile提供了许多组件，利用这些组件可为移动Web页面添加不同的页面元素，如列表视图、布局网格、可折叠区块、文本类元素、选择菜单、复选框和单选按钮等，丰富页面内容。

1. 添加列表视图

将光标定位到jQuery Mobile页面中，在"插入"面板的"jQuery Mobile"类别中单击　列表视图按钮，打开"列表视图"对话框，设置相关属性，单击　确定　按钮即可创建需要的列表视图，如图8-4所示。

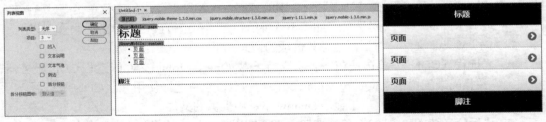

图8-4　创建列表视图

"列表视图"对话框中相关选项的含义如下。

- **"列表类型"下拉列表框**：在该下拉列表框中提供了"无序""有序"两个选项，列表视图与网页中的列表是相同的，都可分为无序的和有序的。
- **"项目"下拉列表框**：在该下拉列表框中默认提供了1～10个项目列表，可以根据需要选择项目列表的个数，默认为3个。
- **"凹入"复选框**：选中该复选框，插入的列表视图会呈现凹陷状态。
- **"文本说明"复选框**：选中该复选框后，可添加有层次关系的文本，且可以用标题标签 <h3> 和段落标签 <p> 进行强调。
- **"文本气泡"复选框**：选中该复选框后，在项目列表后会添加带数字的圆圈，可用于计数。
- **"侧边"复选框**：选中该复选框后，会在项目列表后添加补充信息。
- **"拆分按钮"复选框**：选中该复选框后，可启用"拆分按钮图标"下拉列表框。
- **"拆分按钮图标"下拉列表框**：在该下拉列表框中，可以选择项目列表后面按钮图标的样式。其中包括"警告""向下箭头"等选项。

2. 添加布局网格

由于移动设备的屏幕较窄，所以一般不会在移动设备上使用多栏布局的样式。但有时由于一些特殊要求，也会将一些小的网页元素进行并排放置，这时可使用布局网格功能对网页进行布局。

添加布局网格的方法为：将插入点定位到需要进行并排布局的位置，在"插入"面板的"jQuery Mobile"类别中，单击 **布局网格** 按钮，在打开的"布局网格"对话框中设置行和列的数量后，单击 **确定** 按钮即可创建相应的布局网格，如图8-5所示。

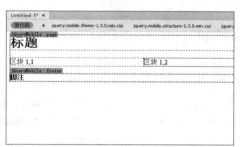
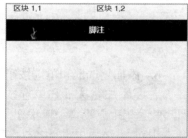

图8-5 创建布局网格

3. 添加可折叠区块

通过可折叠区块可在页面中添加多个标题及其下内容，在浏览器中显示时，默认只显示标题，单击某个标题可展开显示该标题下的内容，如图8-6所示，再次单击则可隐藏其下方的内容。添加可折叠区块的方法是：在"插入"面板的"jQuery Mobile"类别中，单击 **可折叠区块** 按钮，在添加的区块中输入标题和内容。

4. 添加文本类元素

同普通网页一样，移动网页也可以添加一些文本元素、密码元素、文本区域元素等。在"插入"面板的"jQuery Mobile"类别中，单击 **文本** 按钮、**密码** 按钮或 **文本区域** 按钮，可在页面中添加相应的文本框、密码框和多行的文本区域，用于输入信息，如图8-7所示。

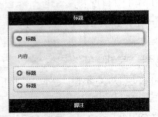

图8-6　可折叠区块效果

图8-7　各种文本类元素效果

5. 添加选择菜单

jQuery Mobile 中的选择菜单能实现选择功能，jQuery Mobile 框架可以用于为其自定义按钮和菜单的样式，使选择菜单的效果更美观。

添加选择菜单的方法是：在"插入"面板的"jQuery Mobile"类别中，单击 ▤ 选择 按钮，在页面中插入一个选择菜单。选择该菜单，在"属性"面板中单击 列表值… 按钮，在打开的"列表值"对话框中设置项目标签和值，如图8-8所示。

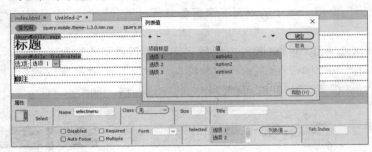

图8-8　添加选择菜单

6. 添加复选框和单选按钮

若要添加复选框和单选按钮，只需在"插入"面板的"jQuery Mobile"类别中，单击 ▥ 复选框 按钮 或 ▥ 单选按钮 按钮 ，打开"复选框"或"单选按钮"对话框（两个对话框的选项基本相同），然后可设置名称、数量和布局方式，单击 确定 按钮，如图8-9所示。

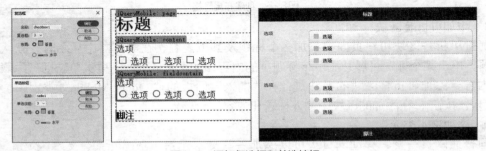

图8-9　添加复选框和单选按钮

7. 添加按钮

若要添加按钮，只需在"插入"面板的"jQuery Mobile"类别中，单击 ▭ 按钮 按钮，在打开的对话框中设置各选项后，单击 确定 按钮，如图8-10所示。

图8-10　添加按钮

"按钮"对话框中各选项的含义如下。

- **"按钮"下拉列表框**：用于设置按钮的个数，选择两个以上的按钮才能使用"位置"和"布局"。
- **"按钮类型"下拉列表框**：用于设置按钮的类型，主要包括"链接""按钮"和"输入"3种类型。只有选择"输入"选项，才能激活"输入类型"。
- **"输入类型"下拉列表框**：在"按钮类型"下拉列表框中选择"输入"选项后，可在该下拉列表框中选择输入类型，其中包括"按钮""提交""重置"和"图像"等选项。
- **"位置"下拉列表框**：用于设置按钮的位置，包括"组"和"内联"两个选项。
- **"布局"单选按钮组**：用于设置按钮布局方式。
- **"图标"下拉列表框**：用于设置按钮的图标。
- **"图标位置"下拉列表框**：用于设置按钮图标的位置。该下拉列表框只有在为按钮设置了图标样式后，才能使用。

8. 添加滑块

jQuery Mobile滑块可为网页添加滑块。其添加方法为：在"插入"面板的"jQuery Mobile"类别中单击 ⚙ 滑块按钮，如图8-11所示。

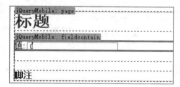
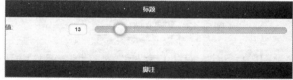

图8-11　添加滑块

9. 添加翻转切换开关

翻转切换开关就像常用的开关一样，有"开"和"关"两个选项，表示启用或不启用某项设置。其添加方法为：在"插入"面板的"jQuery Mobile"类别中，单击 翻转切换开关按钮，如图8-12所示。

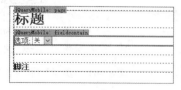

图8-12　添加翻转切换开关

10. 添加其他jQuery Mobile元素

在jQuery Mobile中，除了上述介绍的一些较为常用的jQuery Mobile元素外，还包括电子邮件、URL、搜索、数字、时间、日期、周和月等元素。其添加方法与其他jQuery Mobile元素的基本相同，都是通过"插入"面板的"jQuery Mobile"列表进行添加。

三、任务实施

（一）添加jQuery Mobile页面

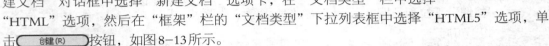

下面新建一个网页文件，并在其中插入一个jQuery Mobile页面，具体操作如下。

（1）在Dreamweaver中选择"文件""新建"命令，在打开的"新建文档"对话框中选择"新建文档"选项卡，在"文档类型"栏中选择"HTML"选项，然后在"框架"栏的"文档类型"下拉列表框中选择"HTML5"选项，单击 创建(R) 按钮，如图8-13所示。

（2）按"Ctrl+Shift+S"组合键，在打开的"另存为"对话框中设置"文件名"为"m_zxal.html"，单击 保存(S) 按钮，完成网页文件的保存操作，如图8-14所示。

（3）在"插入"面板中选择"jQuery Mobile"选项，打开"jQuery Mobile"类别，单击 页面 按钮。

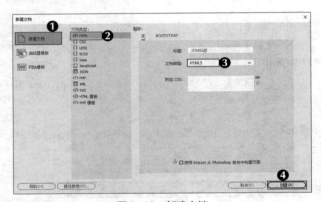

图8-13 新建文档

图8-14 另存网页文件

（4）打开"jQuery Mobile文件"对话框，保持默认设置，然后单击 确定 按钮，如图8-15所示。

（5）打开"页面"对话框，直接单击 确定 按钮，如图8-16所示。

图8-15 "jQuery Mobile文件"对话框

图8-16 "页面"对话框

（二）为页面添加内容

下面在jQuery Mobile页面中通过布局网格、可折叠区块布局网页，然后在各个部分中插入相应的文本和图像，为页面添加内容。

（1）将光标定位到"标题"处，并选择状态栏中的<h1>标签，按"Delete"键删除<h1>标签及内容，如图8-17所示。

（2）在"插入"面板的"jQuery Mobile"类别中，单击 **布局网格** 按钮，在打开的"布局网格"对话框中保持默认设置，单击 **确定** 按钮，如图8-18所示。

图8-17 删除<h1>标签及内容

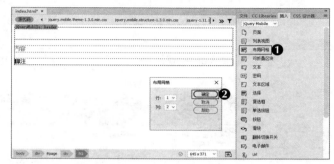

图8-18 设置布局网格

（3）选择"区块 1,1"文本，按"Delete"键删除，在其中插入"images/logo.png"图像文件，在"代码"视图中"data-role="fieldcontain""后面输入" style="text-align: center;""代码，如图8-19所示。

（4）切换回"设计"视图，选择"区块 1,2"文本，按"Delete"键将其删除，再插入jQuery Mobile搜索元素，选择"搜索："文本，按"Delete"键将其删除。再选择搜索框，打开"属性"面板，设置"Place Holder"为"请输入关键词"，如图8-20所示。

图8-19 插入图像

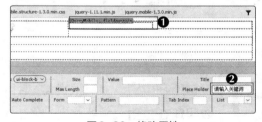

图8-20 修改属性

（5）选择"内容"文本并将其删除，再插入可折叠区块，如图8-21所示。

（6）将第1处"标题"文本修改为"装修案例1"，删除第1处"内容"文本，并插入"images/1.jpg"图像，然后切换到"代码"视图，在<img>标签中输入"width="100%""，如图8-22所示。

（7）使用相同方法将其他两处"标题"文本修改为"装修案例2"和"装修案例3"，删除其他两处"内容"文本处并插入"images/2.jpg"和"images/3.jpg"图像文件，并添加width属性。再将"脚注"文本修改为"版权所有：佳美馨装饰有限责任公司Copyright © 2022-2030
Au Right Reserved. 技术支持：028-87★★★★98"，如图8-23所示。

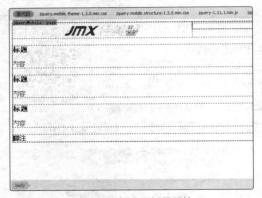

图8-21 插入可折叠区块

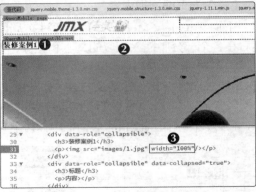

图8-22 修改文本并插入图像

图8-23 修改脚注

任务二 创建PHP页面

客户希望移动版网页能够获取用户输入的搜索关键词，米拉经过研究决定使用PHP来实现，效果如图8-24所示。

素材所在位置 素材文件\项目八\任务二\
效果所在位置 效果文件\项目八\任务二\index.php

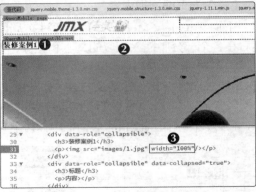

图8-24 PHP页面的效果

一、任务描述

（一）任务背景

现在手机的功能越来越丰富，为了使移动版网页能够实现更多的功能，就需要使用服务器脚本语言来实现。服务器脚本语言的类型有很多，如 ASP、ASP.NET、PHP、JSP等。不同类型的服务器脚本语言必须配合对应的服务器才能正常运行。通过服务器脚本语言并配合数据库可以实现很多重要的功能，这样制作出来的网页不再是一成不变的，而是可以与用户进行交互的，可以根据用户的操作动态生成用户所需要的内容。由于 PHP 是目前最为流行的服务器脚本语言之一，并且存在很多简单、易用的 PHP 开发服务器工具，所以本任务将使用 PHP 脚本来实现。

（二）任务目标

（1）掌握安装 PHP 服务器的方法。

（2）掌握编辑 PHP 页面的方法。

（3）掌握浏览 PHP 页面的方法。

二、相关知识

要完成本任务，需要先安装 PHP 服务器，再编辑 PHP 页面，并浏览 PHP 页面效果。

（一）安装 PHP 服务器

集成的 PHP 服务器很多，如 XAMPP、WampServer、PHPnow、USBWebserver 等。这里介绍 USBWebserver 的使用方法。USBWebserver 无须安装，用户下载并解压软件包后即可直接使用该软件，方法为：在互联网中搜索并下载 USBWebserver 的软件包，将其解压到计算机磁盘中。这时，可以为解压后的文件夹重新命名，如"php_site"，然后双击该文件夹中的"usbwebserver.exe"文件即可启动服务器，如图 8-25 所示。

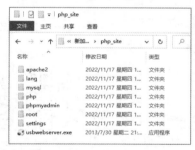

图 8-25　启动 USBWebserver 服务器

服务器默认的站点文件夹为"php_site\root"，网站的所有文件都必须放置在该文件夹中，单击 Root dir 按钮可以直接打开该文件夹。服务器的网址为"http://localhost/"，单击 Localhost 按钮，可以启动计算机默认的浏览器并访问该网址。

（二）编辑 PHP 页面

编辑 PHP 页面需要先创建 PHP 页面。创建方法为：选择"文件""新建"命令，在打开的"新建文档"对话框中选择"新建文档"选项卡，在"文档类型"栏中选择"PHP"选项，再单击 创键(R) 按钮，如图 8-26 所示。

创建好 PHP 页面后，在图 8-27 所示的位置添加代码"<?php echo ' 欢迎您光临本网站！';?>"，按"Ctrl+S"组合键将其保存（注意要保存到 Web 服务器的"root"文件夹下）。

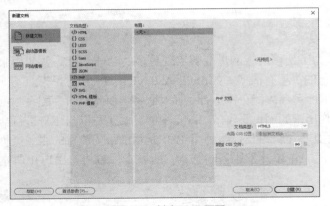

图8-26 创建PHP页面

图8-27 添加PHP代码

（三）浏览PHP页面

编辑好PHP页面后，启动Web服务器（如USBWebserver服务器）。在浏览器中输入需访问的网址和网页文件名并按"Enter"键即可进行浏览，如"http://localhost/index.php"（如果页面是index.php，则可以省略输入网页文件名，即直接输入"http://localhost/"），如图8-28所示。

图8-28 浏览PHP页面

三、任务实施

（一）启动PHP服务器

下面安装并启动USBWebserver，具体操作如下。

（1）在计算机的D盘中新建一个"website"文件夹，从互联网中下载USBWebserver软件包并将其内容解压到"website"文件夹中。

（2）将素材文件夹中的所有文件及文件夹复制到"D:\website\root"文件夹中。

（3）双击"website"文件夹下的"usbwebserver.exe"启动USBWebserver，如图8-29所示。

图8-29 安装并启动USBWebserver

（二）制作并浏览PHP页面

下面制作一个处理搜索表单信息的演示页面，其中不包括真正的处理过程（真正的处理过程需要调用数据库，相对比较复杂），只显示表单传递过来的参数及值，具体操作如下。

（1）打开"index.php"网页文件，切换到"代码"视图，找到jQuery Mobile搜索元素的标签，在其中添加"onChange="window.location.href= window.location.pathname+'?search='+this.value""代码，如图8-30所示。

```
<div class="ui-block-b">
  <div data-role="fieldcontain">
    <input name="search" type="search" id="search" placeholder="请输入关键词"
    value="" onChange="window.location.href=window.location.pathname+'?
    search='+this.value" />
  </div>
</div>
```

图8-30　添加代码

（2）找到"<div data-role="content">"代码，在其下方输入如图8-31所示的代码。

```
</div>
<div data-role="content">
  <?php
    if(isset($_GET["search"])){
      echo "<div>您搜索的关键词为: <span style='color:red;'>" .$_GET["search"]. "
      </span></div>";
    }
  ?>
<div data-role="collapsible-set">
    <div data-role="collapsible">
```

图8-31　输入代码

（3）打开浏览器，在地址栏中输入"localhost"并按"Enter"键，在搜索框中输入"中式田园风格"，按"Enter"键提交表单，此时将重新载入网页，并显示"您搜索的关键词为：中式田园风格"文本，如图8-32所示。

图8-32　浏览网页

实训一　制作移动端"中国皮影"网页

【实训要求】

本实训要求制作移动端"中国皮影"网页，完成后的效果如图8-33所示。

素材所在位置　素材文件\项目八\实训一\
效果所在位置　效果文件\项目八\实训一\mobile.html

图8-33　移动端"中国皮影"网页

【实训思路】

　　本实训需要使用jQuery Mobile来制作移动端网页，需要先插入一个jQuery Mobile页面，然后使用布局网格制作网页底部的按钮，再使用可折叠区块制作网页主体内容。

【步骤提示】

　　要完成本实训，首先需要在网页中插入jQuery Mobile页面并在标题处插入Logo图像；然后在脚注处插入布局网格并添加4个按钮，最后在内容处插入可折叠区块并添加文本和图像。其主要步骤如图8-34所示。

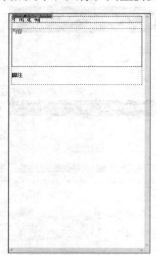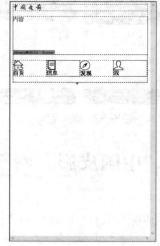

① 插入Logo图像　　　　　② 添加按钮　　　　　③ 添加文本和图像

图8-34　制作移动端"中国皮影"网页的主要步骤

（1）新建一个网页文件，并保存为"mobile.html"网页文件。

（2）插入一个jQuery Mobile页面，切换到"代码"视图，修改"<div data-role="page" id="page">"代码为"<div data-role="page" id="page" data-theme="e">"。

（3）修改"<div data-role="header">"代码为<div data-role="header" data-theme="e">，删除标题文本，并插入"images/logo.png"图像文件。

（4）修改"<div data-role="footer">"代码为"<div data-role="footer" data-theme="e" style="position: fixed;bottom: 0;z-index: 9999;width:100%;">"，删除"脚注"文本，并插入1行4列的布局网格。

（5）在每个布局网格中插入一张图像并输入对应的文本，制作页面下方的按钮。

（6）修改"<div data-role="content">"代码为"<div data-role="content" data-theme="e" style="height: 100%;padding-bottom: 100px;">"。

（7）删除"内容"文本，并插入"images/banner.png"图像文件。

（8）在图像文件下插入可折叠区块，修改每个区块的标题和内容。

（9）按"Ctrl+S"组合键保存文件，完成本实训。

实训二　制作移动端"问卷调查"和"调查结果"网页

【实训要求】

本实训要求制作"问卷调查"和"调查结果"两个网页。当用户在"问卷调查"网页中填写完成并单击 ▨▨▨▨▨提交▨▨▨▨▨ 按钮后，将跳转至"调查结果"网页，在其中将显示用户填写的内容，完成后的效果如图8-35所示。

 效果所在位置　效果文件\项目八\实训二\m_wjdc.html、dcjg.php

图8-35　移动端"问卷调查"和"调查结果"网页

【实训思路】

本实训需要使用jQuery Mobile来制作，在"问卷调查"网页中需添加一个表单，并通过各种jQuery Mobile元素来构建问卷调查表，在"调查结果"网页中将通过PHP脚本获取用户填写的内容并进行显示。

【步骤提示】

要完成本实训，首先需要制作"问卷调查"网页文件，然后制作"调查结果"网页文件，最后在"代码"视图中输入获取并显示问卷内容的PHP脚本。其主要步骤如图8-36所示。

（1）安装并启动PHP服务器。

（2）新建一个HTML网页文件，并将其保存在PHP服务器的"root"文件夹中，文件名为"m_wjdc.html"，再在其中插入一个表单，设置"active"为"dcjg.php"，"Method"为"POST"。

（3）在表单中插入一个jQuery Mobile页面，修改"标题"文本为"问卷调查"。

（4）删除"内容"文本，然后插入2个文本元素、1个选择元素、1个单选按钮组元素、1个复选框组元素和1个文本区域元素，并根据需要修改元素的文本。

（5）在"代码"视图中将复选框标签中的"name="checkbox1""代码改为"name="checkbox1[]""。

（6）删除"脚注"文本，并添加1个"提交"按钮元素，按"Ctrl+S"组合键保存文件。

（7）新建一个PHP网页文件，并将其保存在PHP服务器的"root"文件夹中，文件名为"dcjg.php"，在其中插入一个jQuery Mobile页面，修改"标题"文本为"调查结果"。

（8）在"代码"视图中将"<div data-role="content">内容</div>"中的"内容"文本删除，并输入获取并显示问卷内容的PHP脚本。

（9）删除"脚注"文本，并添加1个按钮元素，修改按钮文本为"返回"，在"属性"面板中修改链接为"m_wjdc.html"，按"Ctrl+S"组合键保存文件。

（10）在浏览器的地址栏中输入"http://localhost/m_wjdc.html"并按"Enter"键访问"问卷调查"网页，填写完问卷后单击 ███████提交███████ 按钮，跳转至"调查结果"网页并显示用户填写的内容，单击 ███████返回███████ 网页将返回至"问卷调查"网页。

① 制作"问卷调查"网页文件 ② 制作"调查结果"网页文件　　　　③ 输入PHP脚本

图8-36　制作移动端"问卷调查"网页的主要步骤

课后练习

本项目主要介绍了制作移动端网页以及制作PHP页面的方法，包括认识jQuery Mobile、创建jQuery Mobile页面、使用jQuery Mobile组件、安装PHP服务器、编辑PHP页面、浏览PHP页面等。对于本项目的内容，读者应重点掌握创建jQuery Mobile页面和使用jQuery Mobile组件的方法，这样可以更加灵活和方便地制作各种移动端网页。

练习：制作移动端"购鞋网"网页

本练习要求制作移动端"购鞋网"网页，重点练习移动端网页的制作。参考效果如图8-37所示。

素材所在位置　素材文件\项目八\课后练习\
效果所在位置　效果文件\项目八\课后练习\m_index.html

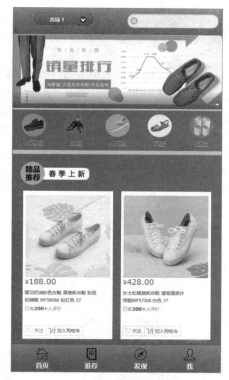

图8-37　移动端"购鞋网"网页效果

操作要求如下。

- 打开"m_index.html"网页文件，并在其中插入一个jQuery Mobile页面。
- 在页眉处添加一个选择元素和一个jQuery Mobile搜索元素。
- 在内容处插入一个"banner.png"图像文件和两个布局网格，然后在各个网格中插入相应的图片和文本。
- 在脚注处插入一个布局网格，然后在各个网格中插入图片并输入文本。

技巧提升

1. jQuery Mobile 页面中多个页面的切换方法

jQuery Mobile 页面中可以添加多个页面，而多个页面的切换是通过 <a> 标签，并将 href 属性设置为 "#+对应的页面 ID 属性" 的方式进行的，如 "<a href="#page2"> 详细页 </a>"。

2. jQuery Mobile 的主题应用

在 jQuery Mobile 中，所有的布局和组件都可使用全新的面向对象的 CSS 框架，让用户能够给每个站点和应用程序应用统一的视觉设计主题，jQuery Mobile 的主题主要有以下 4 个特点。

- 主要使用 CSS3 来显示圆角、文本、盒阴影和颜色渐变，而不是使用图片，因此，主题文件较小，减轻了服务器的负担。
- 在主体框架中包含多套色板，每一套都可以自由地进行搭配，并且都可匹配头部、主体和按钮等。
- 在开放的主题框架中，可允许用户最多创建 6 套主题样式，给设计增加多样性。
- 在 jQuery Mobile 中增加了一套简化的图标集，在其中包含移动设备上的大部分图标，并且精简了每一张图标，减小了图标的大小。

在 jQuery Mobile 中预设了 5 套主题样式，可分别用 a、b、c、d、e 进行引用，主题样式对应的颜色效果如下。

- a：默认值，黑色背景白色文本。
- b：蓝色背景白色文本。
- c：亮灰色背景黑色文本。
- d：灰色背景黑色文本。
- e：黄色背景黑色文本。

如果要修改某个 jQuery Mobile 元素的主题样式，可以将插入点定位到该 jQuery Mobile 元素中，然后选择"窗口""jQuery Mobile 色板"命令，打开"jQuery Mobile 色板"面板，在其中单击要应用的主题样式，如图 8-38 所示。

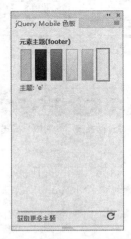

图 8-38 "jQuery Mobile 色板"面板

项目九
测试与发布网站

情景导入

"佳美馨装饰"网站制作完成后，客户希望能够将其尽快发布到互联网中，使用户可以尽早访问该网站。米拉在接到这个任务后，先对整个网站进行测试，以消除其中的错误，然后协助客户注册域名并购买网站空间，最后将网站发布到互联网中。

学习目标

- 掌握通过实时预览功能同时在多个浏览器中浏览网页的方法
- 掌握通过设备仿真功能预览网页在移动设备中的显示效果的方法

- 了解域名的相关知识
- 了解网站空间的相关知识
- 掌握发布网站的方法

素养目标

- 提升分析与解决问题的能力
- 具备严谨、耐心、认真、负责的工作态度

任务一　测试"佳美馨装饰"网站

　　米拉希望能尽快掌握将站点发布到Internet的方法，但老洪告诉米拉需要先学习有关网站测试的内容，保证发布到Internet中的网站在用户浏览时不会出现问题，并让米拉完成测试"佳美馨装饰"网站的工作。图9-1所示为在浏览器中浏览网页的效果以及通过浏览器的设备仿真功能预览的网页在移动设备中的显示效果。

素材所在位置　素材文件\项目九\任务一\
效果所在位置　效果文件\项目九\任务一\

图9-1　测试网页在浏览器以及在移动设备中的显示效果

一、任务描述

（一）任务背景

　　现在用户浏览网页所使用的浏览器的种类（如Edge、Chrome、Safari等）非常多，为了使网页在各种浏览器上都能正确显示，就需要先在不同的浏览器上浏览网页。如果在某种浏览器上网页显示有问题，就需要找到原因并进行改进。因此本任务需要对制作好的网站进行测试。

（二）任务目标

（1）掌握通过实时预览功能同时在多个浏览器中浏览网页的方法。
（2）掌握通过设备仿真功能预览网页在移动设备中的显示效果的方法。

二、相关知识

　　要检测网页在浏览器中以及在移动设备中的显示效果，就需要掌握Dreamweaver的实时预览功能以及浏览器的设备仿真功能的使用方法。

（一）实时预览网页

使用Dreamweaver的实时预览功能，可以同时在多个浏览器中浏览正在编辑的网页，并且当在Dreamweaver中保存网页时，会立即更新网页的内容。在Dreamweaver中使用实时预览功能的方法为：选择"文件 > 实时预览"命令，在弹出的子菜单中选择某个浏览器的名称，即可使用该浏览器打开正在编辑的网页。重复上述操作，可以在其他浏览器中同时打开正在编辑的网页。修改并保存网页后，可以同时在所有的浏览器中更新网页内容。

如果计算机中安装的浏览器在Dreamweaver的浏览器列表中未显示，可以选择"文件 > 实时预览 > 编辑浏览器列表"命令，打开"首选项"对话框，再选择"实时预览"选项卡，单击其中的+按钮，在打开的"添加浏览器"对话框中输入要添加的浏览器的名称和应用程序路径，再单击 确定 按钮即可在浏览器列表中增加新的浏览器，如图9-2所示。

图9-2　增加新的浏览器

知识补充

设置主浏览器和次浏览器

在"首选项"对话框的"实时预览"选项卡中选择一个浏览器选项后，选中下方的"主浏览器"复选框可以将该浏览器设置为主浏览器，快捷键为"F12"键；选中"次浏览器"复选框，可以将该浏览器设置为次浏览器，快捷键为"Ctrl+F12"组合键。

（二）使用设备仿真功能预览网页在移动设备中的显示效果

为了确保网页在各种移动设备中也能正常显示，还需要预览网页在移动设备中的显示效果。方法为：使用实时预览功能在浏览器中打开正在编辑的网页，然后按"F12"键打开"开发者工具"界面，然后单击"切换设备仿真"按钮□切换到移动设备的显示效果，如图9-3所示。此时在"尺寸"下拉列表框中可以选择不同的移动设备，以显示网页在这些设备中的效果，如图9-4所示。

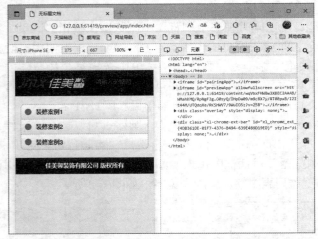

图9-3　预览网页在移动设备中的显示效果　　　　图9-4　切换移动设备

三、任务实施

（一）实时预览"装修方案精选"网页

下面在IE浏览器和Edge浏览器中同时浏览"装修方案精选"网页，具体操作如下。

（1）打开"zxfajx.html"网页文件，选择"文件 > 实时预览 > Internet Explorer"命令，在IE浏览器中实时预览网页，如图9-5所示。

（2）选择"文件 > 实时预览 > Microsoft Edge"命令，在Edge浏览器中实时预览网页，如图9-6所示。

图9-5　在IE浏览器中实时预览网页　　　　图9-6　在Edge浏览器中实时预览网页

（3）此时可以发现"装修方案精选"文本在两个浏览器中显示的字体不一样，这是因为IE浏览器的默认字体为"宋体"，而Edge浏览器的默认字体为"微软雅黑"。当网页中没有设置文本的字体时，浏览器会以默认字体进行显示。在Dreamweaver中切换到"代码"视图，找到"<h1 style="text-align: center;">装修方案精选</h1>"代码，将其修改为"<h1 style="text-align: center; font-family: '微软雅黑';">装修方案精选</h1>"，如图9-7所示。

```
</div>
</div>
<div class="center"> </div>
<div class="center">
    <h1 style="text-align: center; font-family: '微软雅黑';">装修方案精选</h1>
    <hr>
        <div class="center">
            <table width="100%" border="0" cellspacing="0" cellpadding="20">
                <tbody>
                    <tr>
                        <td ><table width="500" border="0" cellspacing="0" cellpadding="0">
                            <tbody>
```

图9-7 修改代码

（4）按"Ctrl+S"组合键保存网页，此时IE浏览器中"装修方案精选"文本的字体也变为了"微软雅黑"。

（二）预览"装修案例"网页在移动设备中的显示效果

下面在Chrome浏览器中预览"装修案例"网页在移动设备中的显示效果，具体操作如下。

（1）打开"zxal.html"网页文件，选择"文件 > 实时预览 > Chrome"命令，在Chrome浏览器中实时预览网页。

（2）在Chrome浏览器中按"F12"键打开"开发者工具"界面，单击"切换设备仿真"按钮，切换到移动设备显示效果，如图9-8所示。

（3）在页面左上角的下拉列表框中选择不同的设备选项，以浏览网页在不同移动设备中的显示效果。图9-9所示为在"iPhone 12 Pro"中的显示效果，图9-10所示为在"iPad Air"中的显示效果。

图9-8 切换到移动设备显示效果

图9-9 在"iPhone 12 Pro"中的显示效果

图9-10 在"iPad Air"中的显示效果

> 微课视频
>
> 预览"装修案例"网页在移动设备中显示效果

任务二　发布"佳美馨装饰"网站

完成站点测试的工作后，老洪让米拉发布"佳美馨装饰"网站到Internet中，供用户浏览，老洪还提示米拉需进行注册域名和购买网站空间以及发布站点等操作。图9-11所示为注册域名和购买网站空间的页面。

图9-11　注册域名和购买网站空间的页面

一、任务描述

（一）任务背景

制作完网站后，需要将其发布到互联网中，在发布前，还需要注册域名和购买网站空间。网站空间相当于一个房屋，用于存放网站内容；而域名则相当于该房屋的地址，有了这个地址，互联网用户才能够找到并访问网站。

（二）任务目标

（1）了解域名的相关知识。

（2）了解网站空间的相关知识。

（3）掌握发布网站的方法。

二、相关知识

网站制作好之后，为了让用户都可以浏览网站，就需要将其发布到互联网中。但在发布网站之前，还需要先注册域名和购买网站空间。

（一）认识域名

互联网中的网站都有一个IP地址，通过这个IP地址就可以访问网站，但IP地址由4组数字组成，不便于记忆，并且更换网站的服务器后，IP地址也可能会改变。这时，我们可以注册一个域名，并将其与网站的IP地址绑定，这样用户通过域名就可以访问网站了。当网站的IP地址改变后，只需将域名与新的IP地址绑定，用户通过域名仍然可以访问网站。

域名可以分为国际域名、顶级域名和国内域名。

- **国际域名**：国际域名在全世界通用，其结尾包括用于公司和商业机构的 .com、用于网络服务的 .net、用于非营利性组织的 .org、用于政府部门的 .gov 和用于教育机构的 .edu 等。
- **顶级域名**：顶级域名是不同国家或地区的域名，例如其结尾 .cn 代表中国。
- **国内域名**：这里的国内域名特指中国国内域名，以 .cn 结尾，如 .com.cn（中国公司和商业机构）、.net.cn（中国网络服务）、.org.cn（中国非营利性组织）、.gov.cn（中国政府部门）、.edu.cn（中国教育机构）等。

（二）认识网站空间

网站空间是网站的重要组成部分，是存放网站内容的地方。网站的加载速度、网站的稳定性，都与网站空间有很大关系。建设网站时，如果客户自己架设服务器，不仅需要购置服务器、铺设光纤，还需要学习复杂的服务器配置和维护等相关专业知识。这对于中小企业来讲成本太高，所以可以在互联网上选择网站空间提供商提供的网站空间。目前网站空间提供商提供的网站空间主要有虚拟主机和云服务器两大类型。

- **虚拟主机**：虚拟主机主要利用虚拟技术将一台物理服务器划分成多个"虚拟"服务器，关键技术在于，即使在同一台硬件设备、同一个操作系统上，运行着多个用户打开的不同的服务器程序，它们也互不干扰，并且每一台虚拟主机的功能和独立主机的并没有什么差别。但是虚拟主机也有缺点，由于多个用户共享一台服务器，所以其访问速度及流量受到一定的限制。
- **云服务器**：云服务器又称云主机，是一种简单高效、安全可靠、处理能力可弹性伸缩的计算服务器。云服务器具有独立的宽带和IP地址，用户可以根据需求自主安装各种操作系统和配置相应的运行环境，即可以按需购买，升级也比较灵活。此外，云服务器还提供双重备份功能，使网站数据更加安全。

（三）发布网站

利用Dreamweaver发布站点时，首先应配置站点的远程信息，然后发布站点。

1. 配置远程信息

配置远程信息可以使Dreamweaver连接到Internet中的主页空间，为实现将站点文件上传到主页空间做好准备，其方法如下。

（1）选择"站点 > 管理站点"命令打开"管理站点"对话框，在列表框中选择要发布的站点。

（2）单击"编辑当前选定的站点"按钮✐，打开"站点设置对象"对话框，在对话框左侧选择"服务器"选项，单击界面右侧的"添加新服务器"按钮╋。

（3）在打开的对话框中设置服务器的名称，在"连接方法"下拉列表框中选择"FTP"选项，在"FTP地址""用户名""密码""根目录""Web URL"文本框中输入网站空间服务商提供的相关数据。

（4）单击 测试 按钮尝试连接网站服务器，成功后在打开的提示对话框中单击 确定 按钮。

（5）依次单击 保存 按钮完成服务器的远程信息配置。

2. 发布站点

成功配置站点的远程信息后，就可以发布站点。方法为：打开"文件"面板，单击"展开以显示本地和远端站点"按钮 ，同时在"文件"面板中显示本地文件或远程服务器中的文件，在"本地文件"栏中选择要上传的站点，再单击"上传"按钮 ，将整个站点上传到远程服务器中。

三、任务实施

（一）注册域名

下面以新网为例介绍注册域名的方法，具体操作如下。

（1）启动浏览器，进入新网的首页，注册并登录网站。

（2）返回新网首页，在搜索框中输入需要注册的域名，这里输入"jmxzs"，然后单击 查域名 按钮，如图9-12所示。

图9-12　输入域名

（3）进入域名搜索结果页面，其中会显示相应的域名及其价格，单击要注册的域名后面的 加入清单 按钮将该域名加入域名清单，同时按钮变为 移除清单 ，"域名清单"下拉列表后面的数字变为1，如图9-13所示。

图9-13　域名搜索结果页面

（4）单击 域名清单 ❶ ▾ 按钮，在打开的列表中单击 立即结算 按钮，如图9-14所示。

（5）进入"提交订单"页面，单击"请选择域名模板"栏后面的 +创建新模板 按钮，如图9-15所示。

图9-14 单击 立即结算 按钮

图9-15 单击 + 创建新模板 按钮

（6）打开"新建信息模板"页面，输入域名所有人的相关信息，完成后单击 提交 按钮，如图9-16所示。

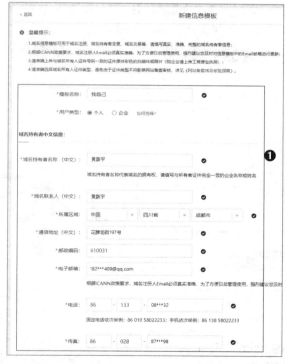

图9-16 "新建信息模板"页面

（7）返回到"提交订单"页面，在"请选择域名模板"栏中选择刚才建立的模板，保持其他选项不变，选中"我已阅读，理解并确认以下协议内容"复选框，单击 提交订单 按钮，如图9-17所示。

图9-17 单击"提交订单"按钮

（8）进入"付款"页面，选择"在线支付"，然后单击 ■■确认支付■■ 按钮，如图9-18所示。弹出付款二维码，使用微信、支付宝等App扫描二维码付款即可完成在线支付。

图9-18 在线支付

（二）购买网站空间

网上可以购买网站空间的网站比较多，各个网站的申请操作也基本相同。下面在新网上购买网站空间，具体操作如下。

（1）启动浏览器，进入新网的首页，注册并登录网站。

（2）返回新网首页，在"虚拟主机"栏中单击"更多产品"超链接，在打开的页面中单击"PHP体验型W"下的 ■■立即购买■■ 按钮，如图9-19所示。

微课视频

购买网站空间

图9-19　单击"立即购买"按钮

（3）进入"创建新虚机"页面，在其中设置网站空间的产品类型、操作系统、产品型号、购买年限等内容，然后单击 立即购买 按钮，如图9-20所示。

图9-20　单击"立即购买"按钮

（4）进入"提交订单"页面，选中"我已阅读，理解并确认以下协议内容"复选框，单击 提交订单 按钮，如图9-21所示。

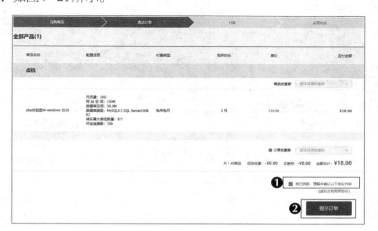

图9-21　单击"提交订单"按钮

（5）进入"付款"页面，选择"在线支付"，然后单击 ![确认支付] 按钮，如图9-22所示。弹出付款二维码，使用微信、支付宝等App扫描二维码付款即可完成网站空间的购买。

图9-22　网站空间的购买

（三）发布站点

下面先配置远程信息使Dreamweaver连接到Internet中的主页空间，再发布"佳美馨装饰"站点，具体操作如下。

（1）在Dreamweaver中选择"站点 > 管理站点"命令，如图9-23所示。

（2）打开"管理站点"对话框，选择"佳美馨装饰"选项，单击"编辑当前选定的站点"按钮 ![编辑按钮]，如图9-24所示。

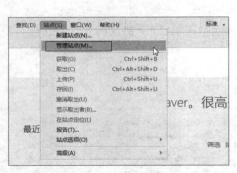

图9-23　管理站点

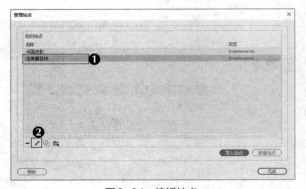

图9-24　编辑站点

（3）打开"站点设置对象"对话框，在对话框左侧选择"服务器"选项，单击界面右侧的"添加新服务器"按钮 ✚，如图9-25所示。

（4）在打开的对话框中设置"服务器名称"为"佳美馨装饰"，在"连接方法"下拉列表中选择"FTP"选项，在"FTP地址""用户名""密码""根目录""Web URL"文本框中输入网站空间服务商所提供的相关数据，如图9-26所示。

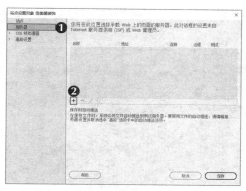

图9-25　添加服务器

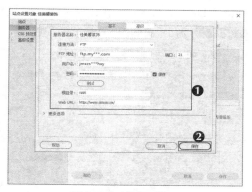

图9-26　设置服务器

（5）单击 测试 按钮，Dreamweaver将尝试连接Web服务器，连接成功后将打开图9-27所示的提示对话框，单击 确定 按钮。

（6）依次单击 保存 按钮完成服务器的远程信息配置，如图9-27和图9-28所示。

图9-27　测试成功

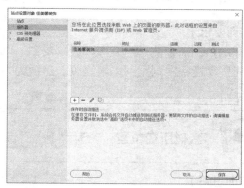

图9-28　保存配置

（7）打开"文件"面板，单击"展开以显示本地和远端站点"按钮，同时在"文件"面板中显示本地文件或远程服务器中的文件，如图9-29所示。

（8）选择"站点-佳美馨装饰"选项，单击"上传"按钮，在打开的提示对话框中单击 确定 按钮，如图9-30所示。

图9-29　"文件"面板

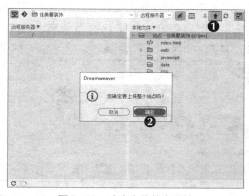

图9-30　确定上传整个网站

（9）Dreamweaver开始上传文件，并显示文件的上传进度，完成后在打开的对话框中单击 关闭 按钮，如图9-31所示。

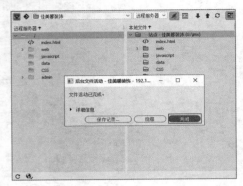

图9-31　上传完成

实训　测试与发布"中国皮影"网站

【实训要求】

本实训需要测试与发布"中国皮影"网站，要求在不同浏览器中浏览网站主页，以及在不同移动设备中浏览移动端网页，然后为站点配置正确的远程信息，并将其上传至申请的主页空间。

 素材所在位置　素材文件\项目九\实训一\index.html、mobile.html

【实训思路】

本实训需要对"中国皮影"网站进行测试和发布，在测试时需要使用实时预览功能浏览网页在不同的浏览器中的效果，并且需要使用浏览器的设备仿真功能预览网页在不同移动设备中的显示效果。测试完成后再配置远程信息并进行站点发布。

微课视频

测试与发布"中国皮影"网站

【步骤提示】

完成本实训的主要步骤包括在不同浏览器中浏览网站主页、在不同移动设备中浏览移动端网页、配置远程信息以及发布站点等，如图9-32所示。

① 在不同浏览器中浏览网站主页

图9-32　测试并发布"中国皮影"网站的步骤

② 在不同移动设备中浏览移动端网页

③ 配置远程信息 ④ 发布站点

图9-32 测试并发布"中国皮影"网站的步骤（续）

（1）打开"index.html"网页文件，使用实时预览功能在多个浏览器中同时浏览该网页，并观察网页显示效果是否正常。

（2）在浏览器中打开"mobile.html"网页文件，切换到设备仿真界面，在其中浏览网页在不同移动设备中的显示效果。

（3）购买网站空间后，根据网站空间服务商提供的数据配置远程信息。

（4）在"文件"面板中将"中国皮影"站点发布到远程服务器。

课后练习

本项目主要介绍了网站的测试与发布的知识，包括实时预览网页、使用设备仿真功能预览网页在移动设备中的显示效果、认识域名、认识网站空间、发布网站等内容。对于本项目的内容，设计者可以适当理解和掌握相关知识，做到能成功发布站点。

练习：测试并发布"购鞋网"网站

本练习需要测试并发布"购鞋网"网站，参考效果如图9-33所示。

素材所在位置 素材文件\项目九\课后练习\

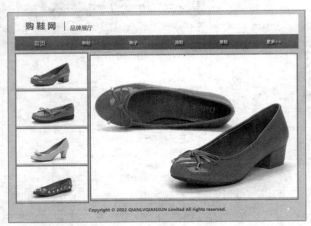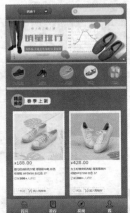

图9-33　测试"购鞋网"网站

操作要求如下。

（1）打开"ppzt.html"网页文件，使用实时预览功能在多个浏览器中同时浏览该网页，并观察网页显示效果是否正常。

（2）在浏览器中打开"m_index.html"网页文件，切换到设备仿真界面，在其中浏览网页在不同移动设备中的显示效果。

（3）购买网站空间后，根据网站空间服务商提供的数据配置远程信息。

（4）在"文件"面板中将"购鞋网"站点发布到远程服务器。

职业素养　　互联网也有流行的时尚，今年流行这一种时尚，明年可能会流行另外一种。因此，网页设计师需要具有把握当前流行趋势的能力，并据此在自己的设计中做出创新，否则就会跟不上时代的脚步。要想把握当前流行趋势，就要多留心观察，多与人交流，特别是多与"高手"交流。

技巧提升

1. **轻松解决发布站点后，首页不显示的问题**

发布站点后，在浏览器的地址栏中输入了正确的网址并按Enter键后不能显示首页，可能是首页命名与主页空间中网站默认的首页命名不同造成的。遇到这种情况，可以先阅读所申请主页空间的网站首页命名的相关规则，然后根据该规则重新设置首页名称。

2. **如何在局域网中发布站点**

首先要在局域网中作为服务器的计算机上创建FTP服务器，这时需要指定访问的用户，同时也要指定正确的站点目录，站点目录通常与Web服务器中指定的位置相同。最后使用Dreamweaver制作并上传网页。

项目十

综合案例——"非遗文化"网站建设

10

情景导入

在参与了"佳美馨装饰"这个网站项目的设计工作后，米拉的网页设计水平得到了很大的提高，并有自己独到的见解。现在公司又要开发一个介绍非物质文化遗产（简称非遗）的网站，老洪决定由米拉来主导这个项目的设计工作。

米拉在接手这个项目后，将整个项目分为前期规划、创建网站站点、制作网页模板和制作网站页面4个任务，并按部就班地开展工作。

学习目标

● 掌握网站建设的前期规划方法	● 能够独立或合作完成一个完整网站的开发和制作

素养目标

● 提升网站建设的前期规划能力
● 具备一定的网页审美能力和创意能力

任务一　前期规划

"非遗文化"网站是介绍中国非物质文化遗产的网站。制作时，首先要分析网站的用户需求，然后定位网站风格，规划网站草图，并根据草图收集网站素材，最后设计网页效果图。

（一）分析网站的用户需求

由于用户是网站页面的直接使用者，所以在设计网站时，首先要对网站的受众人群进行分析。目前，互联网应用范围越来越广，用户也遍布各个领域。因此，设计者必须了解用户的操作习惯，以便预测不同的用户对网站页面的需求，为最终设计网站提供依据。

"非遗文化"网站中包含大量的非物质文化遗产图片、文本资料、相关新闻以及非物质文化遗产相关产品的订购信息等，这些资料和信息可以帮助用户进一步了解和认识非物质文化遗产，并满足用户购买非物质文化遗产相关产品的需求。

（二）定位网站风格

了解网站的用户需求后，就可以定位网站风格。不同的网站，其风格各不相同，设计者需要大致了解网站的定位，拟定几种网站风格，从中选择最合适的风格。

"非遗文化"网站主要用于宣传非物质文化遗产并为用户提供非物质文化遗产相关产品的订购服务，可采用具有中国传统风格的设计。

（三）规划网站草图

网站包含多个页面，设计前，必须对网站中的页面有整体规划。设计者可以先绘制站点草图，在草图中注明用户关注的重点，然后对其进行详细描述，方便客户查看。

（四）收集网站素材

收集网站素材可分为两部分，一部分是绘制和拍摄的网站会使用到的素材，如网站标志、产品图像等；另一部分可以通过网络或其他途径获取。

（五）设计网页效果图

在正式制作网页之前，需要根据规划好的网站风格和草图设计网页效果图。网页效果图设计与传统的平面设计相似，可以使用平面设计软件进行制作。这里使用Photoshop设计网页效果图，然后切片并整理出网页需要的图像素材。

任务二　创建网站站点

完成了前期规划后，就可以进行网页设计，创建网站站点。

素材所在位置　素材文件\项目十\任务二\banner.oam、image\
效果所在位置　效果文件\项目十\任务二\

具体操作如下。

（1）在Dreamweaver中选择"站点""新建站点"命令，打开"站点设置对象"对话框，在"站点名称"文本框中输入"非遗文化"，设置保存路径后单击 保存 按钮，如图10-1所示。

微课视频
创建网站站点

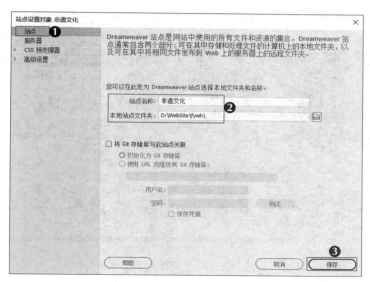

图10-1 设置站点

（2）在"文件"面板中选择"非遗文化"站点，为站点新建5个文件夹，分别重命名为"image""Library""Templates""jQueryAssets""web"，如图10-2所示。

（3）将"banner.oam"素材文件复制到站点根目录中，然后在"文件"面板中单击"刷新"按钮 C 更新站点文件，如图10-3所示。再将"image"素材文件夹中的所有素材复制到站点中的"image"文件夹中。

图10-2 新建文件夹

图10-3 导入素材文件

任务三 制作网页模板

下面为"非遗文化"网站制作网页模板，方便后期网站页面的制作，完成后的效果如图10-4所示。

素材所在位置 素材文件\项目十\任务三\image\、banner.oam
效果所在位置 效果文件\项目十\任务三\Templates\template.dwt

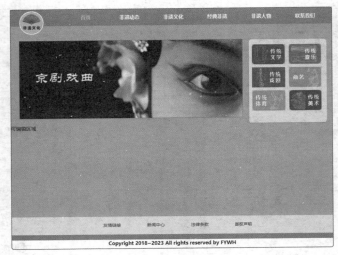

图10-4　网页模板

具体操作如下。

（1）选择"文件""新建"命令，打开"新建文档"对话框，选择"新建文档"选项卡，在"文档类型"栏中选择"HTML模板"选项，然后单击 创建(R) 按钮创建模板文件，如图10-5所示

（2）选择"文件""保存"命令，打开"另存模板"对话框，在"站点"下拉列表框中选择"非遗文化"选项，在"另存为"文本框中输入"template"文本，然后单击 保存 按钮，如图10-6所示。

微 课 视 频

制作网页模板

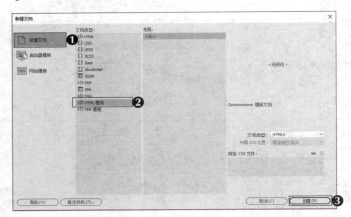

图10-5　创建模板文件

图10-6　选择站点并保存

（3）在"CSS设计器"面板的"源"栏中单击"添加CSS源"按钮➕，在下拉列表中选择"创建新的CSS文件"选项，打开"创建新的CSS文件"对话框，在"文件/URL"文本框中输入保存路径为"../Style.css"，选中"链接"单选按钮，然后单击 确定 按钮完成CSS文件的创建，如图10-7所示。

（4）在"源"栏中单击"添加CSS源"按钮➕，在下拉列表中选择"创建新的CSS文件"选项，打开"创建新的CSS文件"对话框，在"文件/URL"文本框中输入保存路径为"../link.css"，选中"链接"单选按钮，然后单击 确定 按钮完成CSS文件的创建，如图10-8所示。

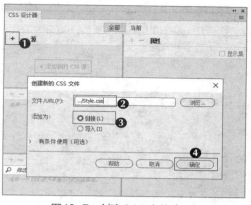

图10-7　创建CSS文件（一）

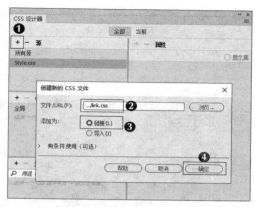

图10-8　创建CSS文件（二）

（5）切换到"Style.css"文档窗口，在"代码"视图中输入CSS布局代码，如图10-9所示。

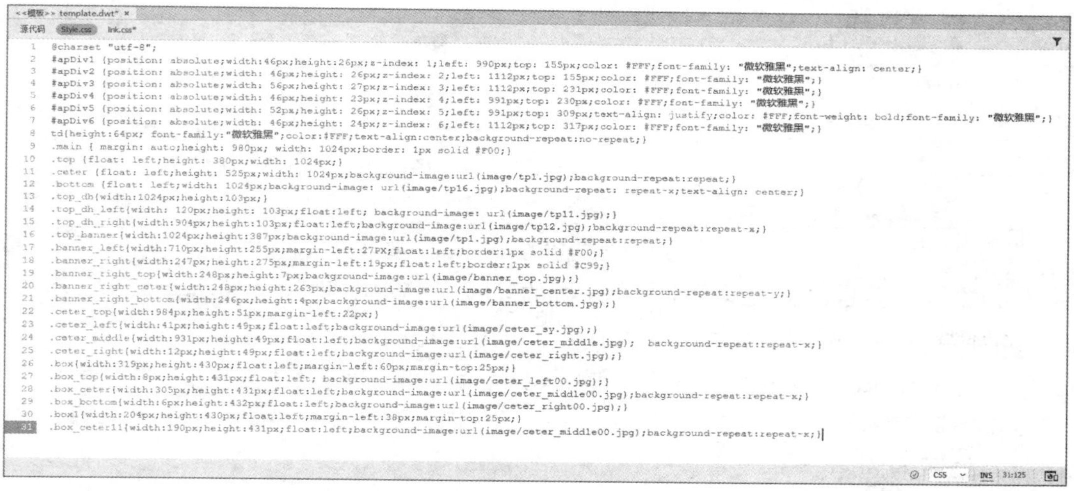

图10-9　输入CSS布局代码

（6）切换到"link.css"文档窗口，在"代码"视图中输入文本和超链接CSS样式代码，如图10-10所示。

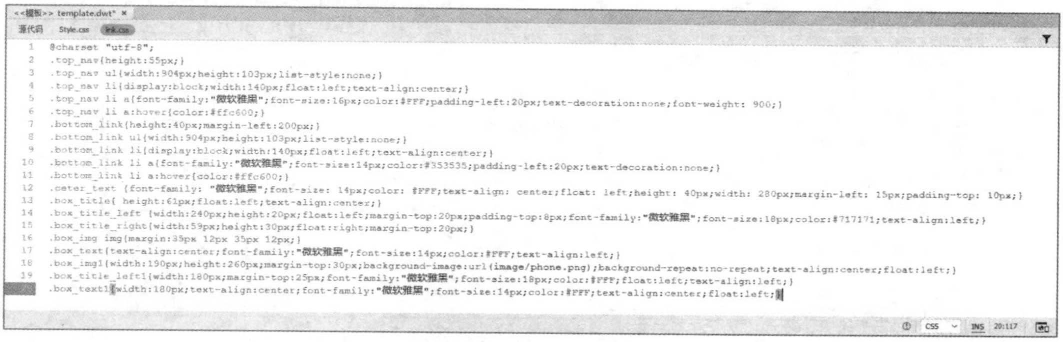

图10-10　输入文本和超链接CSS样式代码

（7）切换到"源代码"文档窗口，在<body>标签中插入1个<div>标签，Class属性定义为"main"，在该<div>标签中再插入3个<div>标签，Class属性分别定义为"top""center""bottom"，如图10-11所示。

图10-11　插入多个<div>标签

（8）将插入点定位到Class属性为"top"的<div>标签中，插入一个<div>标签，Class属性定义为"top_dh"；在Class属性为"top_dh"的标签中插入2个<div>标签，Class属性分别定义为"top_dh_left""top_dh_right"；在Class属性为"top_dh_right"的<div>标签中再插入一个<div>标签，Class属性定义为"top_nav"，然后插入无序列表<ul>，并输入各项目名称，如图10-12所示。

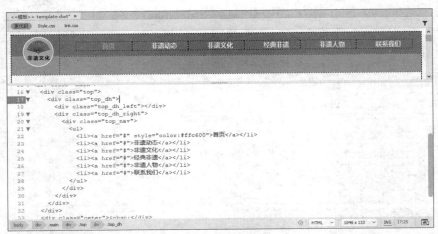

图10-12　制作导航菜单

（9）在Class属性为"top_dh_right"的<div>标签中，插入<div>标签，Class属性定义为"top_banner"，在该标签中，再插入2个<div>标签，Class属性分别定义为"banner_left""banner_right"，将插入点定义到Class属性为"banner_left"的<div>标签中，在"设计"视图中插入"../banner.oam"，并设置"宽""高"分别为"710""255"，如图10-13所示。

（10）将插入点定位到Class属性为"banner_right"的<div>标签中，插入2个<div>标签，Class属性分别定义为"banner_right_top""banner_right_center"，将插入点定位到Class属性为"banner_right_center"的<div>标签中，插入一个行数、列数、宽度、粗细、边距、间距分别为3、2、247、0、0、10的表格的代码，然后分别为单元格设置背景图像，效果如图10-14所示。

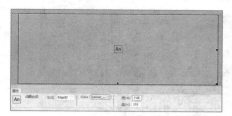

图10-13　插入Banner动画

图10-14　添加表格式菜单

（11）将插入点定位到Class属性为"bottom"的<div>标签中，插入<div>标签，Class属性定义为"bottom_link"，插入无序列表<ul>，并为底部添加文本超链接，如图10-15所示。

图10-15　为底部添加文本超链接

（12）将插入点定位到Class属性为"center"的<div>标签中，选择"插入""模板""可编辑区域"命令，打开"新建可编辑区域"对话框，在"名称"文本框中输入"EditRegion"，然后单击 确定 按钮，如图10-16所示。

（13）将插入点定位到可编辑区域"EditRegion"处，将名称重命名为"可编辑区域"，如图10-17所示。按"Ctrl+S"组合键保存为模板。

图10-16　新建可编辑区域

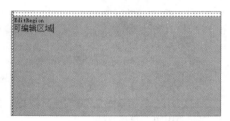

图10-17　重命名可编辑区域

任务四 制作网站页面

创建好模板后即可开始制作网站页面，本任务的网站页面包括主页和订购页面。参考效果如图10-18所示。

素材所在位置 素材文件\项目十\任务四\

效果所在位置 效果文件\项目十\任务四\index.html、web\

图10-18 网站部分页面效果

（一）制作主页

下面将制作网站主页，具体操作如下。

（1）在"文件"面板的"非遗文化"站点的根目录下新建一个HTML文档，并重命名为"index.html"，如图10-19所示。

（2）双击"index.html"文档，打开文档窗口，切换到"设计"视图，在"资源"面板中单击"模板"按钮🗐切换到"模板"面板，选择"template"模板，按住鼠标左键将模板拖曳到文档窗口中，然后释放鼠标左键将模板插入"index.html"文档中，如图10-20所示。

> 微课视频
>
> 制作网站页面

图10-19 新建文档

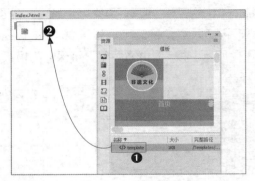

图10-20 插入模板

（3）切换到"拆分"视图，在<title>标签中将文档标题重命名为"非物质文化遗产"，如图10-21所示。

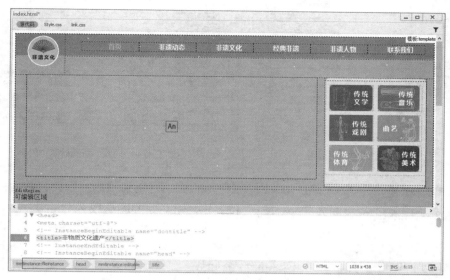

图10-21　重命名文档标题

（4）将插入点定位到"可编辑区域"，删除文本，然后插入1个<div>标签，Class属性定义为"center_top"，在Class属性为"center_top"的标签中插入3个<div>标签，Class属性分别定义为"center_left""center_middle""center_right"，在Class属性为"center_middle"的<div>标签中插入3个<div>标签，Class属性都定义为"center_text"，最后为这3个标签插入文本，如图10-22所示。

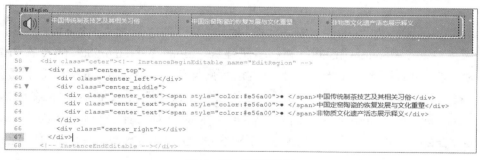

图10-22　制作信息条

（5）将插入点定位到Class属性为"center_top"的<div>标签之后，插入3个依次嵌套的<div>标签，Class属性分别定义为"center_bottom""center_bottom_left""box"，再在Class属性为"box"的<div>标签中插入3个<div>标签，Class属性分别定义为"box_top""box_center""box_bottom"，如图10-23所示。

（6）在Class属性为"box_center"的<div>标签中插入3个<div>标签，Class属性分别定义为"box_title""box_img""box_text"。在Class属性为"box_title"的<div>标签中插入2个<div>标签，Class属性分别定义为"box_title_left""box_title_right"。为Class属性为"box_title_left"的<div>标签插入文本；在Class属性为"box_title_right"的<div>标签中插

入"image/tp(40).gif"图像文件，再在Class属性为"box_img"的<div>中插入"image/tp(44).png"图像素材，并在Class属性为"box_text"的<div>标签中输入3段文本，如图10-24所示。

图10-23　插入<div>标签　　　　　　图10-24　插入"新闻动态"内容

（7）将Class属性为"box"的<div>标签包含的代码复制到该标签后面，然后修改各标签中的文本，再将Class属性为"box_img"的<div>标签处的图像改为"image/tp(47).png"，如图10-25所示。

图10-25　插入"非遗展览"内容

（8）在Class属性为"center_bottom_left"的<div>标签之后插入1个<div>标签，Class属性定义为"center_bottom_right"，在Class属性为"center_bottom_right"的标签中插入1个<div>标签，Class属性定义为"box1"，在Class属性为"box1"的<div>标签中插入3个<div>标签，Class属性分别定义为"box_top""box_center11""box_bottom"，在Class属性为"box_center11"的<div>标签中插入3个<div>标签，Class属性分别定义为"box_title_left1""box_img1""box_text1"，分别为这3个标签插入图像和文本，如图10-26所示。

图10-26　插入"关注我们"内容

（二）制作订购页面

下面将制作订购页面，具体操作如下。

（1）在"文件"面板的"非遗文化"站点的web目录下新建一个HTML文档，并重命名为"fygwj.html"。

（2）双击"fygwj.html"文档，打开文档窗口，在"资源"面板中单击"模板"按钮切换到"模板"面板，选择"template"模板，按住鼠标左键将模板拖曳到文档窗口中，然后释放鼠标左键将模板插入"fygwj.html"文档中，并重名命标题为"非遗购物节"，如图10-27所示。

图10-27　添加模板

（3）切换到"Style.css"文档窗口，添加CSS样式，如图10-28所示。

（4）切换到"源代码"文档窗口，将插入点定位到"可编辑区域"，删除文本，然后插入1个<div>标签，Class属性定义为"main_l"，在该标签中插入2个<div>标签，Class属性分别定义为"main_t""main_f"，在Class属性为"main_t"的<div>标签中插入2个<div>标签，Class属性分别定义为"title""quest"，然后插入文本，在Class属性为"main_f"的<div>标签中插入2个<div>标签，Class属性分别定义为"title""quest"，再插入文本和图像，如图10-29所示。

图10-28　添加CSS样式

图10-29　制作左侧栏目

（5）在main_l<div>标签右侧插入<div>标签，Class属性定义为"main_r"，在该标签中插入2个<div>标签，Class属性分别定义为"main_t""main_f"，在Class属性为"main_t"的<div>标签中插入3个<div>标签，Class属性分别定义为"title""pro""ptxt"，在Class属性为"title"的<div>标签中插入图像和文本，在Class属性为"pro"的<div>标签中插入"../image/tp(45).png"图像文件，在Class属性为"ptxt"的<div>标签中插入<ul>，分别插入订购信息文本、1个文本框和2个按钮，并为按钮设置图像，如图10-30所示。

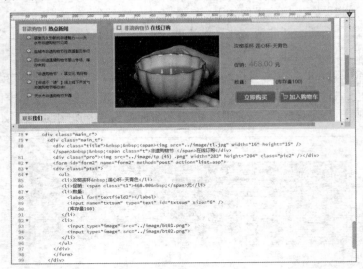

图10-30　制作订购信息

（6）在Class属性为"main_f"的<div>标签中插入2个<div>标签，Class属性分别定为为"title""sp"，在Class属性为"title"的<div>标签中插入"../image/tl.jpg"图像文件和文本，在Class属性为"sp"的<div>标签中插入<ul>，在<li>标签中分别插入图像和文本，如图10-31所示。完成制作后保存文档。

图10-31　制作图像列表

实训一　制作珠宝公司"产品中心"网页

【实训要求】

本实训要求为某珠宝公司的电商网站制作一个"产品中心"页面，该页面主要展示珠宝公司的相关产品，完成后的效果如图10-32所示。

素材所在位置 素材文件\项目十\实训一\img\

效果所在位置 效果文件\项目十\实训一\cpzx.html

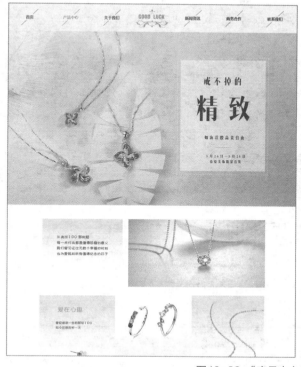

图10-32 "产品中心"页面效果

【实训思路】

要让页面展示公司产品，需要先对页面进行布局，然后实现查看功能，即浏览者购买通道。本实训通过div+CSS盒子模型来进行页面布局，然后在其中添加相关的内容，并为图像创建超链接，便于浏览者进入页面进行购买。

> 微课视频
>
> 制作珠宝网页

【步骤提示】

完成本实训需要先创建div+CSS盒子模型，然后在其中添加文本、图像、超链接等内容。其主要步骤如图10-33所示。

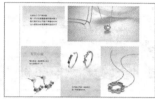
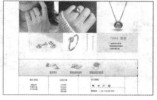

① 添加文本　　　　② 添加图像　　　　③ 添加超链接

图10-33 制作"产品中心"页面主要步骤

（1）启动Dreamweaver，创建一个站点，然后创建相关的文件和文件夹。

（2）在网页中添加<div>标签，然后通过"CSS设计器"面板来布局网页，并设置相关的格式。

（3）通过"插入"面板将图像插入相关的<div>标签中，并调整大小和位置等属性。

（4）选择需要添加超链接的文本或图像，在"链接"文本框中输入链接地址，然后在需要的图像区域创建图像热点超链接，绘制矩形热点，设置链接地址。

（5）保存网页文件，然后按"F12"键预览网页文件。

职业素养　　专业的网页设计师，第一是要有自己的一套理念，知道设计背后的原因，而不是生搬硬套。第二是熟练掌握网页设计软件，这样才能使自己的设计理念能够更好地被表达出来。第三是多看好的作品、多与优秀的设计师交流，这样可以取长补短，从而提升自己的设计水平。第四就是坚持，成为优秀的网页设计师，不是一两天甚至一两年可以实现的，而是需要坚持不懈，并认真对待自己的每个设计作品，力求做到完美才能实现的。

实训二　制作"微观多肉世界"网站

【实训要求】

本实训需要制作"微观多肉世界"网站，该网站主要是为多肉植物爱好者提供交流的平台，完成后的效果如图10-34所示。

素材所在位置　素材文件\项目十\实训二\img\
效果所在位置　效果文件\项目十\实训二\index.html、drg1.html

【实训思路】

本实训主要根据草图进行布局，采用div+CSS盒子模型来布局网页，色彩方面主要采用绿色调为主色调，用不同明度的绿色给网站添加层次感，并体现出生机勃勃的感觉。

图10-34　"微观多肉世界"网站主页和二级网页的参考效果

【步骤提示】

完成本实训需要先创建<div>标签，然后在其中添加图像、文本等内容。其主要步骤如

图10-35所示。

① 创建站点和文件夹　　　　　　　　　② 制作网页

图10-35　制作"微观多肉世界"网站的主要步骤

微课视频

制作"微观多肉
世界"网页

（1）创建一个站点，然后创建相关的文件和文件夹。

（2）通过div+CSS盒子模型布局主页，然后向主页中添加相应的内容，最后使用相同的方法制作网站的二级网页和其他网页。

（3）保存网页并预览。

课后练习

本项目主要通过制作"非遗文化"网站，综合运用了前面介绍的方法，展示了运用前面介绍的方法制作网站的步骤。

练习1：制作"水云家纺"网站

本练习需要制作"水云家纺"网站，该网站是一个专注于提供高品质家纺产品的在线平台，致力于为广大用户提供舒适、时尚、功能性的家纺用品。完成后的参考效果如图10-36所示。

图10-36　"北极数码"网站效果

素材所在位置　素材文件\项目十\课后练习\北极数码\

效果所在位置　效果文件\项目十\课后练习\北极数码\index.html

要求操作如下。

- 创建名为"digit"的站点，并将站点文件夹保存在D盘的"digit"文件夹中，将素材中的"img"文件夹复制到"digit"文件夹中。
- 在Dreamweaver中打开"资源"面板，创建名为"frame"的模板。双击打开模板文件，在模板中通过创建表格和链接外部CSS样式文件等操作制作模板内容，然后添加可编辑区域。
- 利用模板创建"index.html"网页，在可编辑区域中插入表格，并输入新闻标题和内容，插入相关图像并调整。复制表格并进行修改，制作此网页的其他新闻内容。

练习2：制作"墨韵箱包馆"网站

本练习需要制作"墨韵箱包馆"网站，要求该网站能够实现电子商务功能，完成后的参考效果如图10-37所示。

图10-37 "墨韵箱包馆"网站效果

素材所在位置　素材文件\项目十\课后练习\墨韵箱包馆\
效果所在位置　效果文件\项目十\课后练习\墨韵箱包馆\index.html

要求操作如下。

- 启动Dreamweaver，创建一个站点，然后创建相关的文件和文件夹。
- 在网页中添加<div>标签，然后通过"CSS设计器"面板来布局网页，并设置相关的格式。
- 插入图像和文本到相关的<div>标签中，并调整大小和位置等属性。
- 选择需要添加超链接的文本或图像，在"链接"文本框中输入链接地址，然后在需要的图像区域创建图像热点超链接。
- 保存网页文件，然后按"F12"键预览网页文件。

技巧提升

1. 在制作网页的过程中，是否需要一边制作一边测试

对于初学者来说，测试很有必要，并且最好在计算机中安装多个浏览器进行测试，以检测页面的兼容问题。在测试过程中，如发现一些<div>标签位置不正确，可通过添加"float:left;"代码来调试；若还是不能解决问题，则可以显示边框，代码为"{border:1px red solid;}"，将其复制到样式代码中，表示显示整个页面所有<div>标签的边框。

2. 前面案例中的网页都使用div+CSS盒子模型进行布局，是否可以使用表格进行布局

在布局网页时，可以使用表格对局部内容进行布局，但若是对网页整体进行布局，还是建议尽量使用div+CSS盒子模型。这样避免了表格布局的局限性，并且可以使网页的内容与样式分离，不仅减小了网页文件的大小，还更便于后期对网页的修改。